D1673743

Ist Religion ein Produkt der Evolution?

JAHRBUCH DER KARL-HEIM-GESELLSCHAFT

32. JAHRGANG 2019

Ulrich Beuttler / Hansjörg Hemminger /
Markus Mühling / Martin Rothgangel (Hrsg.)

Ist Religion ein Produkt der Evolution?

Überlegungen zur Naturgeschichte von Religion und Religionen

Bibliografische Information der Deutschen Nationalbibliothek
Die Deutsche Nationalbibliothek verzeichnet diese Publikation
in der Deutschen Nationalbibliografie; detaillierte bibliografische
Daten sind im Internet über http://dnb.d-nb.de abrufbar.

Gedruckt auf alterungsbeständigem, säurefreiem Papier.
Druck und Bindung: CPI books GmbH, Leck

ISSN 2367-2110
ISBN 978-3-631-79793-8 (Print)
E-ISBN 978-3-631-79794-5 (E-PDF)
E-ISBN 978-3-631-79795-2 (EPUB)
E-ISBN 978-3-631-79796-9 (MOBI)
DOI 10.3726/b15896

Peter Lang – Berlin · Bern · Bruxelles ·
New York · Oxford · Warszawa · Wien

Diese Publikation wurde begutachtet.

www.peterlang.com

Ist Religion ein Produkt der Evolution?

Überlegungen zur Naturgeschichte von Religion und Religionen

Ulrich Beuttler / Hansjörg Hemminger /
Markus Mühling / Martin Rothgangel (Hg.)

Inhalt:

Hansjörg Hemminger
0. Religion als Ergebnis der Evolution: ein Vorwort ... 9

Lluis Oviedo
I. Die rätselhafte Entstehung von Religion in der menschlichen Kultur: einleitende Bemerkungen ... 11

Michael Blume
II. Ist Religion ein Produkt der Evolution? Warum der Theologe Charles Darwin mehr als Recht hatte ... 13

Jürgen Hübner
III. Theologie der Evolution? Naturgeschichte, Religion und christlicher Glaube ... 23

Hansjörg Hemminger
IV. Evolution in der Biologie, Evolution von Kultur und Religion: Was folgt daraus? ... 47

Anna Beniermann
V. Religiöse Überzeugungen und die Akzeptanz der Evolutionstheorie ... 61

Markus Mühling
VI. „... damit keiner verstehe die Sprache des Anderen" – Missverständnisse im Dialog zwischen Naturwissenschaft und Theologie bei evolutionsbiologischen Erklärungsversuchen von „Religion" ... 81

Thorsten Dietz
VII. Der Herr des Lichts, die alten und die neuen Götter – zwischen Glaube und Skepsis. Religionsgeschichte als Religionskritik in der Filmserie „Game of Thrones" ... 97

Hansjörg Hemminger

0. Religion als Ergebnis der Evolution: ein Vorwort

Das Jahrbuch der Karl-Heim-Gesellschaft 2019 geht, wie die bisherigen Jahrbücher, thematisch auf die Jahrestagung der Gesellschaft 2018 in Marburg zurück. Diese Tagung beschäftigte sich mit einer für den Dialog zwischen Naturwissenschaft und Theologie brisanten Frage „Ist Religion ein Produkt der Evolution?" Alle Beiträge des Jahrbuchs entstanden auf der Grundlage der in Marburg gehaltenen bzw. für die Tagung vorgesehenen Referate, bis auf das Kapitel III, das dankenswerterweise von *Jürgen Hübner* zusätzlich beigesteuert wurde, und bis auf die kurzen, einleitenden Anmerkungen von *Lluis Oviedo*. Sein Beitrag ist eine knapp gefasste Einführung in die vielschichtige und kontroverse naturwissenschaftliche Forschung zur Evolution der menschlichen Religion. Er erläutert die beiden Grundthesen dieser Forschung, die von den übrigen Autorinnen und Autoren weiter entfaltet werden: Einmal kann die universale menschliche Eigenschaft, religiös zu sein und Religionen zu haben, wissenschaftlich betrachtet und als Ergebnis eines Evolutionsprozesses verstanden werden. Auf der anderen Seite sind kurzschlüssige und deshalb reduktionistische Erklärungen der religiösen Evolution, die sie auf einige wenige Faktoren und Prozesse reduzieren, von vornherein nicht haltbar. Auch aus naturwissenschaftlicher Sicht ist von komplexen, dialektischen Ursache-Wirkungsbeziehungen auszugehen. Der zweite Beitrag von *Michael Blume* erläutert mit Bezug auf das beeindruckende Werk von Charles Darwin die Umrisse des Bilds, das die empirische Wissenschaft zur Zeit von der Entstehung menschlicher Religiosität hat. Auf deren Grundlage entfalteten sich die verschiedenen Religionen der Geschichte und Vorgeschichte. Blume betont besonders den Zusammenhang von Religion und Demographie, also den Einfluss religiöser Überzeugungen auf die Bereitschaft, Kinder zu haben und zu betreuen, eine evolutionär bedeutsame Wechselwirkung. (Der Beitrag verzichtet ausnahmsweise auf Fußnoten und Literaturliste; die erwähnten Werke sind im Text aufgeführt.) Umso reicher an Zitaten und Fußnoten ist der dritte Betrag von *Jürgen Hübner*. Er bietet einen Überblick über die naturwissenschaftlichen, psychologischen und theologischen Fragen, die sich mit der Idee verbinden, dass die menschliche Religiosität aus der Evolutionsgeschichte des Menschen hervorging. Wer Ansatzpunkte zu weiteren, eigenen Studien sucht, wird hier fündig. Der vierte Beitrag von *Hansjörg Hemminger* konzentriert sich auf die Frage, ob und wie die biologische Theorie der Evolution auf die kulturelle Evolution von Religion anwendbar ist. Biologistische Modelle erweisen sich als ebenso ungeeignet wie ein antimaterialistischer Dualismus von Natur und Geist. Eine der Komplexität der Prozesse angemessene, biologische Perspektive kann dagegen für den Schöpfungsglauben bereichernd sein.

Im fünften Beitrag geht *Anna Beniermann* einer anderen, fast gegenteiligen, Frage nach, nämlich wie sich religiöse Überzeugungen in Deutschland auf die Haltung zur Evolutionstheorie auswirken. Sie kommt auf der Grundlage ihrer Promotion zu dem statistisch belegten Ergebnis, dass eine religiöse Haltung und Vertrauen in die naturwissenschaftliche Evolutionstheorie negativ korreliert sind, mit einem deutlichen Schwerpunkt der Evolutionskritik im freikirchlichen Protestantismus. Insgesamt spielt ein religiöse begründeter Kreationismus in Deutschland allerdings nur eine geringe Rolle, verglichen z.B. mit den USA. Wie die evangelische Theologie mit der der Idee einer religiösen Evolution umgeht, erläutert *Markus Mühling* im sechsten Beitrag des Jahrbuchs. Er diskutiert diverse Engführungen naturwissenschaftlicher Forschungsansätze, die u.a. mit der Schwierigkeit zusammenhängen, ihren Gegenstand „Religion“ begrifflich zu fassen. Konkreter und fruchtbarer wird die theologische Diskussion dann, wenn sie sich auf den christlichen Glauben richtet. Schließlich führt der siebte Beitrag von *Thorsten Dietz* hinein in eine zeittypische kulturelle Verwertung der menschlichen Religionsgeschichte: Er schildert die vom Autor George R.R. Martin erdachten Religionen, die es in der Fantasy-Kultserie „Game of Thrones“ gibt und legt dar, wie sich in ihrer künstlerischen Gestaltung ein neuzeitliches Religionsverständnis und die entsprechende Religionskritik ausdrückt.

Allen Mitgliedern, Mitarbeitenden und Unterstützern der Karl-Heim-Gesellschaft sei herzlich für die Arbeit des vergangenen Jahres gedankt. Wie dringend es ist, den Dialog zwischen Naturwissenschaft und christlicher Theologie in sachlicher Nüchternheit und auf hohem, fachlichem Niveau weiter zu führen, lässt sich gerade am Thema dieses Jahrbuchs ablesen, dessen Anstöße und Anfragen uns weiter begleiten werden: Wie verhalten sich die naturwissenschaftlichen Ergebnisse zur Entstehung menschlicher Religion und die Frage nach der Wahrheit religiöser Überzeugungen zueinander? Ob und wie nimmt der christliche Glaube die Ergebnisse der Forschung auf? Vielen Dank für Ihre weitere Unterstützung!

Für die Herausgeber: Hansjörg Hemminger *im Mai 2019*

Lluis Oviedo

I. Die rätselhafte Entstehung von Religion in der menschlichen Kultur: einleitende Bemerkungen

Man läuft Gefahr, das Offensichtliche auszusprechen, wenn man feststellt, dass Religionen eine Evolution durchlaufen, deren Dynamik oft den Mustern ähnelt, die von anderen Evolutionsprozessen bekannt sind. Darüber hinaus die speziellen Muster religiöser Evolution zu bestimmen, ist jedoch schwierig. Dazu werden im Folgenden einige sehr kurz gefasste Thesen formuliert:

1. Religion ist eindeutig ein Phänomen menschlicher Kultur; für viele ist sie sogar Kultur „par excellence". In der Tat überschnitten sich früher die Vorstellungen von dem, was die menschliche Kultur ausmacht, und dem, was Religion ist, in weiten Bereichen. Wenn man die Evolution der menschlichen Religion erforscht, betrachtet man also nicht nur einen Spezialfall, sondern untersucht paradigmatisch die kulturelle Evolution im Allgemeinen.
2. Religion ist ein äußerst komplexes Merkmal des menschlichen Sozialverhaltens, und ein ebenso komplexes Phänomen der individuellen, inneren Wirklichkeit eines Menschen. Für ihre evolutionäre Entstehung muss ein entsprechend komplexer Prozess verantwortlich gewesen sein, der – wie Autoren aus unterschiedlichen Disziplinen immer wieder darlegen – von zahlreichen Wechselwirkungen beeinflusst wurde. Zum Beispiel weisen Sozialwissenschaftler auf die kulturellen Spezialisierungen und Differenzierungen der bekannten Religionen hin, sowie auf den gesellschaftlichen Bedarf nach vernünftigen Welterklärungen. Andere Autoren erkennen Analogien mit evolutionsbiologischen Gesetzmäßigkeiten, wie mit der Idee, dass eine Religion selektive Fitness-Effekte für die Individuen und Gruppen hat, die ihr anhängen. Wieder andere Disziplinen verweisen auf die enge Verbindung von Religion und höheren kognitiven Fähigkeiten, zum Beispiel auf den Beitrag der Religion zur Entstehung kultureller Symbolwelten.
3. Die Evolution der menschlichen Religion verlief wahrscheinlich über das dialektische Wechselspiel verschiedener Ursachen und Wirkungen. Sie hatte adaptive und nicht-adaptive Folgen, sie bestärkte selbstlose und selbstsüchtige Verhaltensweisen, sie produzierte rationale und irrationale Denkformen und veranlasste zwischenmenschliches Engagement ebenso wie eine mystische Abkehr von der sozialen Gemeinschaft. Entsprechend verläuft ihre Evolution in einer

Abfolge von gegensätzlichen Phänomenen, die immer wieder in Spannung zu einander stehen, die sich aber auch immer wieder in neuen Synthesen auflösen.

4. Da sich in der gedachten und praktizierten Religion sehr unterschiedliche Merkmale der menschlichen Kultur verbinden, muss die wissenschaftliche Untersuchung ihrer Evolution auf verschiedenen Feldern erfolgen. Religiöse Vorstellungen entwickeln sich zum Beispiel in speziellen ideengeschichtlichen Prozessen. Die Evolution von Ritualen folgt anderen Mustern, die soziale Organisation von Religion wieder anderen, um drei offensichtliche Beispiele anzuführen. Die Religion insgesamt entwickelt sich historisch durch das Zusammenwirken der unterschiedlichen Teil-Evolutionen der zugehörigen Merkmalskomplexe, deren gegenseitige Einflüsse ebenfalls komplexen Mustern folgen.
5. Die Evolution von Religion hängt offensichtlich auch von Faktoren außerhalb ihrer selbst ab, von politischen und ökonomischen Umständen, von kulturell verankerten, allgemeinen Ideengebäuden, von gesellschaftlich geteilten Praktiken und Denkformen. D.h. es gibt eine natürliche und eine soziale „Umwelt", in der sich Religionen entwickeln, vergleichbar mit der Umwelt einer biologischen Art. Die Interaktion zwischen der inneren, religiösen Wirklichkeit von Menschen und Gesellschaften einerseits, und ihrer äußeren „Umwelt" andererseits, ist allerdings noch komplizierter als die Interaktion zwischen z.B. den morphologischen Merkmalen einer Tierart, ihrem Verhalten und ihrer Umwelt, so schwer überschaubar sich diese bereits darstellt.

Um ein realistisches Bild von der kulturellen Evolution der Religion zu gewinnen, müssen alle genannten Aspekte berücksichtigt werden. Es ist Wunschdenken zu meinen, die Dynamik der religiösen Evolution könnte mit wenigen, einfachen Mechanismen erfasst werden, wie z.B. der Mechanismus einer Stabilisierung menschlicher Gemeinschaften durch Religion, oder der religiösen Förderung prosozialen Verhaltens. Religion muss in der menschlichen Geschichte und Vorgeschichte immer mehr gewesen sein, und mehr bewirkt haben. Sie ist vielfältig verbunden mit der gesamten emotionalen, sozialen und kognitiven Evolution des Menschen, mit Ritualen und vielen anderen kulturellen Aktivitäten und so weiter. Das Phänomen Religion muss daher auf mehreren Ebenen erfasst werden, von der Ebene der menschlichen Biologie und Psychologie über die soziologische Ebene, die menschliche Vergesellschaftungen beschreibt, bis hin zur Ideengeschichte. Welche Prozesse auf welcher Ebene zu einem bestimmten geschichtlichen Zeitpunkt auf die Evolution der Religion einwirkten, muss in dem jeweiligen Kontext bedacht und belegt werden. Reduktionistische Theorien, die Prozesse lediglich auf einer Ebene betrachten, können durchaus Erkenntnisgewinne erbringen, müssen aber in den großen Rahmen des Gesamtsystems eingeordnet werden.

Michael Blume

II. Ist Religion ein Produkt der Evolution? Warum der Theologe Charles Darwin mehr als Recht hatte

Abstract: Charles Darwin was convinced that human religion, as human behavior generally, came about by evolutionary processes. That conviction, however, was later discredited by "Darwinian" ideologies. Only in recent decades an evolutionary approach to the phenomena of religion and spirituality was reestablished in the scientific study of religion. Blume outlines the picture which results from these studies. He emphasizes the interaction between religious convictions and demography, which might be explained by the term anthropodicy, a religious justification of caring for children and hoping for their future.

„Die Kraft der Mythen siegt über die Kraft der Dinge, weil sie die unserer Wünsche ist."
Regis Debrais, „Der tote Winkel", Lettre International 123 / 2018, S. 8

Der Entdecker der Evolutionstheorie, Charles Darwin (1809–1882), hatte in seinem Leben einen einzigen wissenschaftlichen Abschluss erworben: Jenen eines Bachelors in anglikanisch-christlicher Theologie an der Universität Cambridge. Dort hatte er die Grundlagen sowohl des philosophischen wie auch des empirischen Forschens erlernt, die es ihm später erlaubten, die Evolutionstheorie zu formulieren. Für ihn war also klar: Wie alle anderen geistigen Fähigkeiten unseres Gehirns mussten auch die Potentiale für Religion und Spiritualität in der Evolution entstanden sein und evolutionäre Funktionen erfüllen – also Überleben und Fortpflanzung fördern.

Vor allem in seinen Schriften zur „Descent of Man / Abstammung des Menschen" (1871) und „Expression of Emotion in Man and Animals / Ausdruck der Emotion bei Menschen und Tieren" (1872) veröffentlichte Darwin zahlreiche Begriffe, Thesen und Skizzen zur Evolution von Religion und Spiritualität. Und in seinem letzten Lebensjahr begeisterte sich der Gelehrte noch für das Buch „The Creed of Science / Das Glaubensbekenntnis der Wissenschaft" (1881), in dem William Graham ein Universalmodell von Emergenz entwarf, das Wissenschaft und Religion(en), konkret Buddha, Jesus und Muhammad, als Wege zu Gott zusammen dachte.

Und Graham war auch nicht der Einzige, der in diese Richtung forschte und dachte. Zu nennen wären beispielsweise die erste Pastorin der USA, Antoinette Brown Blackwell (1825–1921), der deutsche Mediziner Gustav Jäger (1832–1917) und der mexikanische Politiker Jose Vasconcelos (1882–1959). Doch diese und andere frühe Denk- und Forschungsansätze wurden geradezu zwischen drei Strömungen zermalmt, die lange die Wissenschaften dominierten: So behauptete der Monismus im Gefolge von Ernst Haeckel (1834–1919) und heute prominent vertreten durch Richard Dawkins, dass es nur eine Form des Wissens gebe und also Religion nichts bieten könne, was durch die Wissenschaft nicht zu überbieten sei. Gleichzeitig diskreditierten Sozialdarwinisten, Rassisten und Eugeniker durch ihre aktive Einforderung von Verbrechen die Evolutionsbiologie in den Augen der allermeisten Kultur- und Geisteswissenschaftler. Von weit links her behauptete wiederum der Lyssenkoismus, dass eine wahrhaft sozialistische Wissenschaft auch die Gesetze der Biologie außer Kraft setzen könne.

Biologen wie Edward O. Wilson, die ihre an Tieren gewonnenen Erkenntnisse auch auf Menschen anwenden wollten, wurden dafür nicht nur akademisch, sondern teilweise auch tätlich angegriffen. Selbst als er für sein „On Human Nature“ (1978) zur Evolution des Menschen, welches ein Kapitel über die Evolution von Religion enthielt, mit dem Pulitzerpreis ausgezeichnet wurde, blieben die Reaktionen der wissenschaftlichen Kolleginnen und Kollegen verhalten.

Erst seit Ende des 20. Jahrhunderts setzte langsam wieder eine interdisziplinäre Evolutionsforschung zu Religiosität und Spiritualität ein. Heute endlich finden sich wieder große Werke wie „Mothers and Others“ (2009) der Primatologin Sarah Blaffer Hrdy, „Big Gods“ (2013) des Psychologen Ara Norenzayan und „Not in God’s Name“ (2015) von Baron Rabbi Jonathan Sacks, die ein neues, dialogisches Verständnis zwischen Wissenschaft und Religion(en) erschließen. Mit „Gott, Gene und Gehirn. Warum Glaube nützt“ (3., überarbeitete Auflage 2013) konnten auch der Biologe Rüdiger Vaas und ich einen deutschsprachigen Beitrag zu diesem Forschungsdiskurs beitragen.

Definitionen von Religion und Spiritualität

Was aber ist – in der Perspektive von empirischer Evolutionsforschung –mit „Religion“ und „Spiritualität“ jeweils gemeint?

Schon Charles Darwin definierte Religion als „Glauben an unsichtbare oder geistige Wesenheiten“ und diese Definition hat sich im Wesentlichen bewährt. Die meisten heutigen Evolutionsforscherinnen und -forscher verstehen Religion als „belief in superempirical / supernatural agents“ (Glauben an überempirische / übernatürliche Wesenheiten) wie Geister, Engel und Gottheiten.

Entscheidend wichtig ist hierbei der soziale Aspekt: Religiöse Erfahrungen richten sich auf mindestens ein personales Gegenüber. Dieses oder diese können gefürchtet und geliebt werden. Entsprechend setzt Religiosität auf den sozialen Wahrnehmungen (Kognitionen) des menschlichen Säugetiergehirns auf.

Weil für Überleben und Fortpflanzung unserer frühmenschlichen Vorfahren die sozialen Beziehungen zu anderen Artgenossen immer zu wichtiger wurden, – unter anderem, weil wir unsere Kinder in Gemeinschaften erziehen – entwickelte sich eine „Hyper Agency Detection (HAD)", eine Überwahrnehmung von Wesenhaftigkeit. In Steinen und Sternen, Bäumen und Bergen, Wolken und Masken, ja selbst in einfachen Strichen und Strichwesen, erblicken wir unmittelbar „Wesenhaftigkeit".

Und wir – oder genauer: die meisten von uns – nehmen selbst in solchen spontanen Wahrnehmungen nicht nur „Jemanden" wahr, sondern bilden auch eine spontane Annahme über dessen Gemütszustand, eine „Theory of Mind (TOM) / Theorie über den anderen Geist".

So werden Sie höchstwahrscheinlich dieses Strichwesen :-) als freundlich wahrnehmen, dieses aber :-(als traurig.

Kommt dann noch die Möglichkeit dazu, via Sprache von solchen zunächst spontanen Wahrnehmungen zu erzählen und also gemeinschaftlich geteilte Mythologien zu entwickeln, so setzt die kulturelle Evolution von Religionen auf Basis der biologischen Religiosität ganz ebenso ein wie die Sprachen (Kultur) auf Basis der Sprachfähigkeit und die Musiken auf Basis der Musikalität. Überempirische Wesen begannen die Geisteswelt unserer Vorfahren zu bevölkern. Und mit ihnen kommunizierten die Menschen zunehmend via Ritualen, Gebeten und Opfern, bei deren Ausführung auch bei Heutigen die sozialen Kognitionen im Bereich des vorderen Stirnhirns aktiviert werden.

Von Religion zu unterscheiden ist dagegen die Spiritualität, die wir tatsächlich sowohl in religiösen wie auch in nichtreligiösen Varianten antreffen. Sowohl in spontanen Erfahrungen, aber auch in trainierbaren Verhaltensweisen wie der Meditation vermögen Menschen dabei die vom Gehirn vorgenommene („konstruierte") Unterscheidung zwischen Ich und Nicht-Ich für kurze Momente zu auszuschalten. Diese Momente der „Selbsttranszendenz", des „Einswerdens", „Loslassens" usw. werden meistens als sehr beglückend erlebt, teilweise gar als Einblick in eine kommende Erlösung („Unio mystica", „Nirvana", „Fana", „Mokhsa" usw.). Allerdings werden auch häufig verstörende und beängstigende Erfahrungen gemacht und beispielsweise im Ausruf des islamischen Sufis Al-Halladsch: „Leute, rettet mich vor Gott!" ausgedrückt. Deswegen betonen spirituelle Traditionen regelmäßig die Bedeutung von Praxis, Vorbereitung und eines vertrauensvollen Verhältnisses zwischen Meistern und Schülerinnen. Während konzentrierte Meditation mit Aktivitäten im orbitofrontalen Cortex des Gehirns einhergehen, korrelieren Erfahrungen des Entwerdens tatsächlich mit einem Rückgang von Aktivitäten in hinteren Gehirnbereichen, die die Ich-Umwelt-Abgrenzung modulieren. Menschen können also tatsächlich üben, „loszulassen" und im Hinblick auf die Anforderungen und Abgrenzungen des eigenen Ichs „gelassener" zu werden.

Evolutionäre Funktionen von Religion und Spiritualität

Bei einzelnen Menschen finden wir Religiosität und Spiritualität ebenso vielfältig (schwächer oder stärker) veranlagt wie andere geistige Fähigkeiten – etwa Musikalität oder Aggressivität – auch. Entsprechend treten religiöse und spirituelle Traditionen auch in allen menschlichen Kulturen auf, häufig in Mischungen.

So werden lebendige Religionen regelmäßig stärker religiös-dogmatische wie auch mystische „Flügel" ausprägen, die auf verschiedene Bedürfnisse und Erfahrungen von Menschen reagieren und miteinander zwischen Kooperation, Konkurrenz und manchmal auch Gegnerschaft changieren.

Aber wozu dienen Religion und Spiritualität aus evolutionärer Perspektive, was ist ihre Funktion?

Auch diese Fragen finden wir bereits bei Darwin, und empirische Befunde haben einige seiner Thesen bestätigt und sogar noch übertroffen.

So vermutete bereits Darwin, dass der gemeinsame Glauben an bestimmte, überempirische Akteure (zum Beispiel einen gemeinsamen Gott) dazu beitrage, intensivere und innerlich kohärentere Gruppen zu bilden. Und tatsächlich ist dieser Befund inzwischen empirisch vielfach bestätigt: Vor allem sichtbare Glaubenspraktiken wie Kleidungs-, Speise-, Zeit- und Opfergebote wirken als „Credibility Enhancing Displays" (Glaubwürdigkeit steigernde Signale) als „sozialer Kitt" zwischen den Glaubenden. Wer sich auf Basis gemeinsamer Glaubenspraktiken regelmäßig trifft, sieht und religiös verbindet, wird auch tendenziell öfter und vertrauensvoller kooperieren. Mehr noch: Gerade auch die „Nachfrage" nach menschlichen und übermenschlichen Verbündeten aktiviert die menschliche Religiosität. So zeigt sich weltweit und quer durch alle religiösen Traditionen eine enge Verbindung aus existentieller Unsicherheit und Religiosität: Wo Naturkatastrophen, Hunger, Krankheit und Kriege wüten, schließen sich mehr Menschen instinktiv zu oft sehr intensiven Religionsgemeinschaften zusammen: „Not lehrt beten". Wo es Menschen dagegen über längere Zeit besser geht – wenn existentielle Sicherheit und abstrakte Bildung zunehmen – schmilzt die religiöse Praxis dahin, setzt eine Säkularisierung ein: „Wenn es Menschen länger gut geht, vergessen sie das Beten."

Nicht jede einzelne Person, aber sehr wohl das gesellschaftliche Mittel reagiert also pragmatisch – evolutionär gesprochen: adaptiv – auf Umweltbedingungen. Und paradoxerweise können sich lebensförderliche Religionsgemeinschaften mittelfristig also selbst säkularisieren – wenn sie etwa erfolgreich Bildung, Heilfürsorge und Wohlstand fördern, werden wachsende Teile vor allem der nachwachsenden Generationen den Aufwand für Glaubwürdigkeit steigernde Signale zunehmend in Frage stellen, die religiöse Praxis reduzieren und mitunter die Gemeinschaft auch verlassen. Dieses Paradoxon finden wir schon in den Schriften von John Wesley (1703–1791) und im späteren „Buch Mormon" von Jonathan Smith (1805–1844) beschrieben.

Die Nachfrage nach Spiritualität scheint dagegen stabiler zu sein und weniger von Umweltbedingungen abzuhängen. Und tatsächlich zeigen sich auch die Funktionen von Spiritualität vor allem im innersubjektiven, psychologischen Bereich: Spirituelle Praxis hilft Menschen, biografische Krisen zu verarbeiten und ihre psychische und damit auch körperliche Gesundheit zu pflegen. Ob die nepalesische Bauersfrau bei der Meditation am Hausaltar oder die hippe Münchnerin beim Spirit Yoga – Spiritualität kann in ganz unterschiedlichen Kontexten als tröstend, erfüllend, hilfreich erfahren werden.

Religion und Spiritualität nicht immer „gut"

Dabei ist deutlich zu betonen, dass weder Religion noch Spiritualität per se „gut" sein müssen. Eine religiöse Gemeinschaft kann sich lebensförderlich von der Kinderbetreuung über die Bildung bis zur Altenpflege organisieren. Sie kann jedoch ebenso als Terrormiliz angelegt werden, die Außenstehende und auch jede echte oder vermutete Opposition mit brutaler Gewalt verfolgt. Mit Religion lässt sich das Edelste, aber auch das Übelste aus dem Menschen hervorholen. Religiöse Menschen engagieren sich stärker zugunsten ihrer Gruppe, sind jedoch nicht generell „moralischer" als nichtreligiöse Humanisten. Jesus weiß schon, warum er in seinem bekanntesten Gleichnis die Frommen scheitern und einen „ketzerischen" Samaritaner glänzen lässt.

Nicht anders verhält es sich mit Spiritualität: Der zeitweise Rückzug in die transzendente Innerlichkeit kann eine Person und damit auch deren Umgebung mit Weisheit, Gelassenheit und Friedfertigkeit anreichern. Ebenso möglich ist aber auch ein selbstsüchtiger Rückzug aus der Verantwortung der Welt, ja der eigenen Familie. Und das Ideal des finalen Einswerdens mit der Gottheit oder Partei kann aus Opferbereitschaft in die Bereitschaft zur Selbstausbeutung und gar -verbrennung, ja zum Selbstmordattentat umgewendet werden. Für Religion wie für Spiritualität gilt: Sie eröffnen menschliche Potentiale, sind jedoch nicht per se „gut". Genau deswegen betonte auch Darwin die Bedeutung akademischer Theologie, die die religiösen Traditionen kritisch prüfen, Glauben und Vernunft verbinden sollte.

Religion und Demografie

So weit, so Darwin. Doch in einem wesentlichen Punkt ist die Evolutionsforschung zu Religiosität und Religionen über den studierten Theologen hinaus gegangen. Trotz wachsender Zweifel – und auch aufgrund der Arroganz gegenüber der ihm zugesandten Arbeit von Antoinette Brown Blackwell – vermutete Darwin zeitlebens im Gefolge von Thomas Robert Malthus (1766–1834), dass sich Menschen wie Tiere naturgesetzlich exponentiell vermehren würden. Er reflektierte nicht, dass er selbst – in einem erhalten gebliebenen Schriftstück von 1838 – das Pro und Contra einer Eheschließung und Familiengründung gegeneinander abgewogen hatte. Und hier liegt ein großer und in seiner Bedeutung für die Geschichte und Zukunft der Menschheit noch kaum ermessener Faktor der Evolution von Religion: die Demografie. Der Mensch – und, zumindest auf der Erde, nur der Mensch – hat die Fähigkeit erworben, auch über seine eigene Fortpflanzung zu entscheiden. Ob und wie viele Kinder geboren wurden, ist eine Frage, die einzeln und auch gesellschaftlich abgewogen wird. Die Entwicklung von immer leichter zugänglichen Verhütungsmitteln hat dabei auch Sexualität und Fortpflanzung weitgehend voneinander entkoppelt – es war nie leichter, „Lust ohne Last" zu leben.

Schon in vorschriftlichen Wildbeuter-Kulturen finden wir eine große Bandbreite im Hinblick auf Fruchtbarkeit; und erhöhte Kooperation und Kinderzahlen in jenen Gruppen, in denen viele Mythen als Geschichten über überempirische Wesen sowie Rituale gepflegt werden. Dazu passt die von der Steinzeit bis in die Jetztzeit reichende Tradition von Mutter- und Mutter-Kind-Darstellungen, die als sogenannte „Venusfigurinen" sogar die frühe Evolution religiöser Symbolik dominieren. Entsprechend dazu lautet auch das erste Gebot des biblischen Gottes an die frisch erschaffenen Menschen: „Seid fruchtbar und mehret euch!" (Genesis 1, 28) Und tatsächlich: Quer durch alle Religionen und Kulturen hindurch weisen religiös Praktizierende im Durchschnitt frühere und stabilere Eheschließungen und mehr Geburten auf als ihre weniger- bzw. nichtreligiösen Nachbarn. Dazu tragen nicht nur die individuellen Gebote (wie: Kein Sex vor der Ehe u.ä.) bei, sondern auch die gemeinschaftliche Organisation von Kinderbetreuung, Bildung, Armenspeisung usw.

Mehr noch: Die Religionsgeschichte kennt viele religiöse Traditionen wie die christlichen Old Order Amish, die Old Order Mennonites, Hutterer und jüdischen Haredim, die über Jahrhunderte hinweg extrem kinderreich geblieben sind. Dagegen konnte bislang *keine einzige* nichtreligiöse Gruppe oder Population gefunden werden, die auch nur ein Jahrhundert lang die so genannte Bestandserhaltungsgrenze von mindestens zwei Kindern pro Frau einhalten konnte – obwohl religionskritische und auch erklärt atheistische Bewegungen schon seit der griechischen und indischen Antike belegt sind. Doch bis heute verebben nichtreligiöse Bewegungen immer wieder mangels Nachwuchses.

Auch hierbei gilt: Religiosität eröffnet „nur" ein kooperatives und damit auch demografisches Potential. Die Religionsgeschichte kennt auch Gemeinschaften wie die Shaker, die ein „Zölibat für alle" einführten – und entsprechend nach kurzer Blüte auch wieder zu schwinden begannen. Häufiger und verbreiteter sind arbeitsteilige Strukturen, in denen Einzelne auf Sexualität und Kinder verzichten, um sich als „Helfer am Nest" ganz in den lebensförderlichen Dienst an der Gemeinschaft zu stellen. Zu denken ist dabei nicht nur an zölibatäre Priester – die regelmäßig auch Ehen segnen, zu Fruchtbarkeit aufrufen und Kinder unterrichten – sondern auch zum Beispiel die notwendig kinderlosen Lehrerinnen der Old Order Amish.

Und klar ist also: Unter den Bedingungen von Religionsfreiheit werden sich immer wieder kinderreichere und lebensförderliche Traditionen stärker durchsetzen und sich eine positive Korrelation zwischen Religiosität und Kinderreichtum etablieren: Religionen vermögen daher nicht nur Überlebenschancen zu fördern, sondern ganz direkt auch den Goldstandard evolutionärer Fitness: Die Reproduktionsrate und zwar über Generationen hinweg. So haben die Vertreter der wissenschaftlichen Evolutionstheorie in den USA quer durch das 20. Jahrhundert hindurch weit mehr wissenschaftliche Argumente hervorgebracht – aber die Vertreterinnen des religiösen Kreationismus weit mehr Kinder. In Israel hat die Geburtenschwäche der Säkularen und Liberalen einerseits und der extrem hohe Kinderreichtum der religiös Orthodoxen andererseits bereits den Säkularisierungsprozess insgesamt umgedreht: Nachfolgende Generationen jüdischer Israelis praktizieren im Durchschnitt religiös öfter als die zionistischen Gründer – und entsprechend wachsen die religiösen Organisationen, wogegen die linken und säkularen Parteien einen Mitglieder- und Wählerschwund verzeichnen.

Die Anthropodizee-Frage nach der Zukunft

Legionen von Theologen – und sehr viel weniger Theologinnen – haben sich über die Theodizee-Frage die Köpfe zerbrochen: Wie kann ein guter, allmächtiger Gott eine Welt mit so viel Leid zulassen? Doch die Befunde der Evolutionsforschung zu Religiosität und Religionen sowie insbesondere der Religionsdemografie verweisen auf eine philosophisch sogar ältere und noch viel grundlegendere Frage: Wenn die Welt voller Leid ist und jedes Leben sterben wird, wie kann dann das Hervorbringen von weiterem, bewussten Leben gerechtfertigt werden?

Nichtreligiöse Weltanschauungen haben darauf bislang nie eine Antwort finden können, weil auch der Humanismus oder die kommunistische Weltrevolution doch nur in der Zeit argumentieren, und keinen letzten, überweltlichen Sinn nach und über der Geschichte ausmachen können. Nicht jede einzelne, doch ausreichend viele nichtreligiöse Personen werden daher stets zum Antinatalismus neigen, sich für wenige oder keine Kinder entscheiden. Nichtreligiöse Populationen sind demografisch und damit auch evolutionär verebbende Populationen. Die Evolution von Religiosität und Religionen ist also nicht vorbei, sondern findet buchstäblich täglich durch Abertausende Entscheidungen für oder gegen Familien und (weitere) Nachkommen statt.

Mit dem Fortschritt der wissenschaftlichen, technologischen und wirtschaftlichen Entwicklungen und mit den längst global gewordenen Migrationsströmen erreichen täglich mehr Menschen die Lebensbereiche von existentieller Sicherheit und Säkularisierung. Kleine, religiöse Gruppen vornehmlich, aber nicht nur, in der islamischen Welt stemmen sich teilweise mit Gewalt gegen einen Trend, der alte Traditionen, Rollenbilder und Herrschaftssysteme pulverisiert. Doch eine wissenschaftlich und insbesondere evolutionär aufgeklärte Religiosität vermag die säkulare, freiheitliche Gesellschaft auch als Chance zu erkennen. Denn neben dem faszinierenden und nützlichen wissenschaftlichen Erkenntnisfortschritt bietet diese freiheitliche und zunehmend vielfältige Gesellschaft auch die Chance, Varianten religiöser Traditionen zu entwickeln, in denen das Leben begrüßt und gefördert wird. Es besteht sogar die Chance, im Dialog nicht nur Frieden und Verständnis zwischen Menschen und deren Religionen zu fördern; sondern voneinander und miteinander zu lernen, wie sich die Anthropodizee religiös und ganz praktisch beantworten lässt.

Als der zweite jüdische Tempel in Jerusalem um 70 nach Christus zerstört wurde, ließ sich Jochanan ben Zakkai im Sarg aus der von Extremisten beherrschten und von den Römern eingekesselten Stadt schmuggeln. Den römischen Feldherrn bat er im Gegenzug für den Abzug seiner Fraktion nicht etwa um eine Krone oder eine Armee, sondern um die Erlaubnis, in Jabne eine Schule aufbauen zu dürfen.

Von hier aus – der Lehre von Alphabetschriften an möglichst kinderreiche Familien – vermochte sich das nun rabbinische Judentum zu reorganisieren und auch dem Christentum, Islam und den Bahai wertvolle Impulse zu geben. Der jüdisch-israelische Literat Amos Oz (1939–2018) und seine Tochter, die Historikerin Fania Oz-Salzberger, formulierten aus der Betrachtung der jüdischen

Geschichte die empirisch zutreffende Beobachtung: „Gebildeter Nachwuchs ist der Schlüssel zum kollektiven Überleben."

Evolution und Religion haben in der biokulturellen Wirklichkeit der menschlichen Religionen und Kulturen längst vielerorts zusammengefunden. Nun wäre es an der Zeit, dass wir diese Zusammenhänge gleichzeitig breiter und tiefer erfassen, durchdringen und schließlich verstehen. Denn wenn die Menschheit eine Zukunft hat, so wird sie auch weiterhin von religiösen Mythen begleitet und geprägt werden.

Jürgen Hübner

III. Theologie der Evolution? Naturgeschichte, Religion und christlicher Glaube

Abstract: Did religious beliefs arise step by step in the course of the evolution of Homo sapiens? Or has the perception of ourselves, including the perception of human evolution, been shaped by religious experiences from the beginning? Biology and theology pursue different paths of thought: Science looks for rational explanations and causal interactions, theology describes and interprets existential relations in the context of lives lived. One has to differentiate between their projects methodologically, nonetheless they ameliorate each other. Christian faith leads to a grateful appreciation of a lifeworld which, regarded as God's creation, can be discovered by science and the humanities in all its diversity. Our responsibility is to steward the parts of this living world given into our care.

Zur Fragestellung

Zur Frage nach der Anthropogenese im Laufe der Evolution gehört auch die Frage, warum dabei *Religion* entstanden sein könnte und welche Funktion sie hatte. Mehrheitlich wird die Meinung vertreten, dass religiöse Vorstellungen zu den Merkmalen menschlicher Gruppen gehörten und ihrer Stabilisierung dienten. Das gilt schon für die Jäger und Sammler der Frühzeit, besonders dann aber im Rahmen der Sesshaftwerdung: Zur sozialen Bindung und der Ausbildung hierarchischer Machtverhältnisse seien übernatürliche göttliche Gestalten, ihr Einfluss und ihre mögliche Beeinflussung für das tägliche Leben und seine Geschichte notwendig gewesen. Das gelte auch für den Monotheismus. Denn auch christliche Werte ließen sich evolutionär erklären. Sogar der Anpassungswert christlicher Liebe könne so wahrscheinlich gemacht werden.

Solche Entwürfe entsprechen den nachaufklärerischen, naturwissenschaftlich geprägten Orientierungen unserer Kultur. Religion hat in ihr vielfach lediglich ihre *konstruktive* Bedeutung behalten. Entsprechend wird die Vorgeschichte der Religion betrachtet. „Gott gibt es vielleicht nicht. Aber wir brauchen ihn." Eine solche Bemerkung – im Anschluss an Martin Walser in der ZEIT kürzlich so formuliert – dürfte eine Stimmung wiedergeben, die weit verbreitet ist. Auf Kausalität, causae efficientes bezogenes, technik-orientiertes Denken ist Bestandteil moderner Mentalität. Auch der „Urgrund der Religiosität" wird deshalb in der „bei uns Menschen so stark ausgeprägte(n) Suche nach Kausalität" gesucht.[1] Erschließt sich aus dieser Perspektive aber überhaupt, was religiöse Erfahrung *inhaltlich* bedeutet? Lässt sich die menschliche Religiosität unter solche Erklärungen subsumieren?[2] Die Welt „ist" zwar so, wie sie die Natur- und, methodisch daran anknüpfend, die Sozial- und teilweise die historischen Wissenschaften beschreiben. Inhaltlich wird jedoch ein religiöses *Bekenntnis* darüber hinaus sagen: *In ihr*, in dieser unserer Welt, begegnet Gott, so wie es die Theologien der Religionen, ihrerseits rational, zu beschreiben versuchen. Beiden Strängen der Reflexion ist nachzugehen.

Religion in der biologischen und kulturellen Evolution

Der Versuch *wissenschaftlicher* Erklärung von Religion hat eine lange Tradition. Im Sinne der von Darwin entwickelten Selektionstheorie kann sie als Überlebensvorteil gedeutet werden.[3] Die Ausgangsfragen lauten: Wie ist das, was wir Religion nennen, entstanden? Wo kommt es in der *Geschichte der Evolution* in einem ursprünglichen Zusammenhang vor? Gibt es Tiere, die schon so etwas wie Religion haben? Und psychologisch auf gegenwärtige Entwicklungen bezogen: Wo beginnt Religion in der *individuellen Entwicklung* des Menschen?

Die biologische Verhaltensforschung beobachtet im Tierreich Verhaltensweisen, die an menschliche Sozietäten erinnern, wie Kooperation, Empathie, Gerechtigkeitssinn. Offensichtlich können Tiere trauern.[4] Es gibt bei ihnen ein reichhaltiges Feld nonverbaler Kommunikation. Wenn man sich auch vor vermenschlichenden Projektionen hüten muss, so ist doch nicht zu bestreiten, dass so etwas wie Moral bei Tieren vorkommt. In der Schule von Konrad Lorenz sprach man von „moralanalogem" Verhalten.[5] Wenn man phänomenologisch zwischen „Moral" allgemein und (reflektierter) „Ethik" im Bereich des Menschen unterscheidet, liegt es nahe, auch bei Tieren von Moral („prosozialem Verhalten") im Sinne (natur)gesetzlicher oder doch regelhafter Bestimmung zu sprechen.[6]

1 Schiefenhövel, 2015, 188.

2 Hattrup, 1994, 175, formuliert im Kontext römisch-katholischer Philosophie und Theologie: „Des Endliche ist nicht geeignet, zum Unendlichen aufzusteigen. Dennoch ist das Verlangen nach dem Unendlichen die Natur des Endlichen."

3 „So ist es, das muss man als Ungläubiger neidvoll anerkennen, noch heute: Menschen, die glauben, leben, statistisch gesehen, länger, haben ein glücklicheres Leben und mehr Kinder": Schiefenhövel, 2015, 189, mit Verweis auf Blume, 2009.

4 Beispiele bei Menschenaffen, aber auch bei Elefanten und anderen Tieren werden immer wieder erzählt. Vgl. Sommer, 2015, 141.

5 Wickler, 1971; 2014; Frans de Waal, 2015; Besprechung von Clicqué 2016.

6 Bekoff & Pierce, 2011, 27.

Über Religion im eigentlichen Sinn ist damit noch nichts gesagt, was jedoch nicht bedeutet, dass es Vorformen nicht geben könnte.

Der Frage nach ersten Formen von Religion lässt sich im Rahmen paläoanthropologischer Forschung nachgehen: Vormenschen der Gattung Homo lebten wahrscheinlich bereits vor 2,8 Millionen Jahren in offenen Landschaften Afrikas. Direkte Vorfahren waren vermutlich *Australopithecus afarensis*[7] und *Homo rudolfensis*[8]. Frühe Artefakte, Steingeräte (Geröllgeräte, „Chopper") stammen aus der Zeit vor etwa 2,7 Millionen Jahren, ergraben in der Olduvai-Schlucht in Ostafrika[9]. Sobald Werkzeuggebrauch ein wichtiges Verhaltenselement wurde, ließen sich die Lebensbedingungen der Umwelt mehr als mit anderen Mitteln verändern und erweitern. Das hatte offenbar einen Evolutionsschub zur Folge: „Die zunehmende Unabhängigkeit vom Lebensraum führt zu zunehmender Abhängigkeit von den dazu benutzten Werkzeugen, bis heute ein charakteristisches Merkmal des Menschen."[10] Die Herstellung schon von einfachen Werkzeugen wie einem Faustkeil bedeutet zugleich eine erhebliche Herausforderung für das Gehirn. Sie erfordert kooperatives Lernen, so dass hier auch die Sprachentwicklung anknüpfen kann. Sprachliche und manuelle Kompetenzen beruhen teilweise auf denselben Hirnstrukturen.[11] Neben und mit der Werkzeugkultur war jedoch die Gemeinschaftsbildung entscheidend für die Entwicklung hin zum Homo sapiens.[12] Moral entsteht durch soziale Interaktion. Freilich gibt es bei Elefanten, Delfinen und insbesondere bei einigen Affenarten, Meerkatzen etwa, darüber hinaus so etwas wie Selbstbewusstsein, Einfühlungsvermögen und darauf aufbauend Solidarität und Hilfsbereitschaft.[13] Frans de Waal hat herausgearbeitet, dass auch Tiere in der Lage sind, sich in Andere hineinzuversetzen[14]. Das Zusammenleben entwickelte sich aber bei Homo sapiens noch einmal ungleich vielfältiger. Es verstärkte sich durch das Zusammenleben in der Gruppe. Rhythmus, Singen, Tanz und Ansätze von differenzierter musikalischer Kommunikation spielten

7 Ziegler, 2015, 205–206.

8 Schrenk, 1997.

9 Parzinger, 2015, 23. Im Norden Kenias (Fundstelle Lomekwi 3) sind neuerdings Steinwerkzeuge und Knochen entdeckt worden, deren Alter auf 3,3 Millionen Jahre datiert wurde.

10 Schrenk, 1997, 178.

11 Stout, 2016.

12 Gamble, Gowlett & Dunbar, 2016.

13 Bekoff & Pierce, 2011; Rigos, 2015.

14 Vgl. Thies, 2017, 118. Thies kritisiert, dass Tomasello in seinen Publikationen solche Fähigkeiten bislang zu wenig berücksichtigt habe.

vermutlich eine wesentliche Rolle. „Musik drückt aus, was nicht gesagt werden kann und worüber zu schweigen unmöglich ist" – eine überlieferte Sentenz, die auch vor und abseits aller sprachlichen Kommunikation gelten dürfte. Emotionen und Gefühle werden bewusst, können der Reflexion unterliegen und in sie eingehen. Mit der weiteren Ausbildung rationalen Denkens lassen sich technische Möglichkeiten immer genauer erkennen, reflektieren, anwenden und auch hinterfragen. Die Folgen ihrer Nutzung können mehr und mehr bedacht werden. Das gemeinschaftliche Leben kann dadurch bereichert und intensiviert werden. Man kann darüber hinaus sich selbst immer wirksamer in die Kommunität einbringen, sich in andere immer deutlicher hineinversetzen und so neue Kommunikationsmöglichkeiten erschließen.[15] Hier werden religiöse Wahrnehmungen, sich daran ausbildende Riten und ins „Weltanschauliche" gehende Denkmuster eine wichtige Rolle gespielt haben. In der Auseinandersetzung verschiedener Gruppen, etwa im Kampf um Territorien, dürften wechselseitig sowohl hohe Sozialkompetenz als auch die jeweils besten technologischen Fähigkeiten wesentliche Impulse für den evolutionären Fortschritt geboten haben.[16]

In der Evolution der Homininen verselbständigten sich die Gesten der nonverbalen Kommunikation zu Zeichen und Symbolen. Strichfolgen auf von frühen Menschen (Homo erectus) bearbeiteten Knochen vor 350 000 Jahren und (rituelle?) Bearbeitung von Schädeln lassen auf eine symbolische Bedeutung schließen.[17] Erfahrungen sind damit offenbar bewusst geworden und konnten auf verschiedene Weise festgehalten werden. Widerfahrnisse des Lebens konnten aufgenommen, reflektiert und gesteuert werden. Ritzzeichnungen des Homo sapiens sind Zeichen dieser Entwicklung: Ein mit einem Zickzackmuster verzierter Ockerstein (aus der Blombos-Höhle in Südafrika) wird auf ein Alter von etwa 77 000 Jahren datiert. Striche, Reihen von Punkten und Negativabdrücke von Händen an den

15 Lang & Schnabel, 2015, 37: „So scheitern Schimpansen am Ende wohl nicht an mangelnden technischen Fähigkeiten, sondern an einem allzu schwach ausgeprägten Sozialsinn. Daraus folgt umgekehrt: Der evolutionäre Erfolg des Homo sapiens beruht nicht auf seiner Technik., sondern auf seiner Kooperationsfähigkeit und dem ungewöhnlich starken sozialen Zusammenhalt mit anderen Menschen." Auch Schimpansen hatten freilich bis heute „Erfolg", und Technik- und Sozialentwicklung dürften einander korrespondieren.

16 Vgl. Marean, 2016, 48. „Zwei Eigenschaften ermöglichten es dem modernen Menschen, die ganze Erde zu besiedeln und jede Konkurrenz auszustechen: seine ausgeprägte Begabung zur Kooperation und seine technologischen Fähigkeiten."

17 Mania, Dietrich, 2004.

Wänden der nordspanischen La-Pasiega-Höhle sind mindestens rund 65000 Jahre alt. Homo sapiens ist jedoch erst vor etwa 45000 Jahren in Europa nachweisbar.

Ähnliche Muster können wahrscheinlich dem Neandertaler zugeordnet werden. Im Jungpaläolithicum (40000–12000 Jahre vor heute) tauchen die Bilder in den berühmten Höhlen vor allem in Frankreich und Spanien, aber auch in anderen Erdteilen auf. Hier sind es nicht nur die Bilder selbst, die Aufmerksamkeit erregen, sondern auch die verschiedenen Zeichen, die oft beigeordnet sind: Kreise, Punkte, Kreuze, zumal die Negativabdrücke von Händen.[18] Über die Bedeutung dieser Symbolwelt wissen wir faktisch nichts. Es könnte sich um ein apotropäisches Interesse handeln, um Schutz vor Bedrohungen durch Tiere, auf die man bei der Nahrungssuche auch angewiesen war, um die Abwehr von Gruppen menschlicher Konkurrenten, um Markierung von eigenem Lebensraum. Ein kultischer und damit religiöser Hintergrund liegt nahe. Wurden erjagte, getötete und verzehrte Tiere hier virtuell in einem erneuerten Leben dargestellt, um sich einer bleibenden Beziehung zu ihnen zu vergewissern? Teilweise kann es sich auch um bloße Graffiti handeln, eine Art Selbstdarstellung.[19] Spekulationen, denen ebenso oft widersprochen wird, gibt es dazu reichlich. Um Analogien zu heute greifbaren religionsnahen Verhaltensweisen zu konstruieren, wird gern der Schamanismus herangezogen.[20]

Sprache, Symbole und Religion

Von besonderem Interesse ist bei der bisher geschilderten, biologisch und dann auch ethnologisch und soziologisch beschreibbaren Entwicklung die Ausbildung einer immer reichhaltigeren Symbolik. Ihr liegen Wahrnehmungen, Erfahrungen und Erkenntnisse zugrunde, die primär von emotionaler Unmittelbarkeit bestimmt sind. Erst über sie setzt Nachdenken ein, ein Schritt, der das eigene Leben und das der Mitwelt bewusst wahrnehmbar werden lässt, der reflektierte Lebensgestaltung ermöglicht und alsbald erfordert.[21] Die Entstehung der Sprache, vor

18 Newton, 2015, 96; Ravilious, 2011.

19 Wunn et al., 2015, 68f.; Pohanka, ^{2}2016, 62.

20 Vitebsky, 2001, 30: „Auch wenn die Existenz paläolithischer Schamanen nicht bewiesen werden kann, führt die universale Verbindung zwischen Schamanismus und Jagd zu der Spekulation, dass Schamanismus wohl die älteste Religion, geistige Disziplin und medizinische Praxis ist." Einblick in die Debatte bietet Ewe, 2004, 24–29. Die Kritik überwiegt.

21 Tillich, o.D., 172: „Reflexion ist Brechung des Lebensprozesses, wodurch das Leben auf sich selbst über seine Spielhaftigkeit, seine Raumgebundenheit hinausgeht."

etwa 100 000 Jahren anzusetzen, und ihre Entwicklung spielt hier eine entscheidende Rolle. Während das Broca'sche Zentrum des Gehirns beim Schimpansen die Motorik der Hände steuert, kontrolliert es beim Menschen die Sprachfähigkeit, die Lautbildung. Zeigen führt zu Zeichen, Deuten zu Bedeutung.[22] Der Übergang zu dieser Stufe speziell menschlichen Lebens ist eines der interessantesten Phänomene und zugleich Probleme, wenn wissenschaftliche Erklärungen hierfür gesucht werden. Der Entstehung und Entwicklung der Schrift kommt später, bei bereits sesshaften Kulturen, entscheidende Bedeutung zu.[23] In Europa sind älteste Schriftdokumente um 5300 v.Chr. nachweisbar. Parallel zu genetischen lassen sich zum Beispiel Stammbäume von schriftlich fixierten Mythen rekonstruieren.[24] Auf solche Weise wird sich auch eine religiöse Praxis und deren Reflexion entwickelt haben. Voraussetzung war die Zunahme des Großhirns von den evolutionären Vorformen des Menschen in Afrika bis hin zum Neandertaler und zum Homo sapiens. Die Australopithecinen hatten mit 400 bis 550 cm^3 nur wenig mehr Gehirnvolumen als Schimpansen, der Homo ergaster, direkter Vorfahr von Homo erectus und auch unserer Art, bereits 700 bis 900 cm^3. Homo sapiens kann es bis auf etwa 1400 cm^3 bringen. Entscheidend sind die jeweiligen Fähigkeiten, die durch diese rasante Entwicklung des Gehirns im Laufe der Evolution zugänglich werden. Für das Großhirn der Homininen sind offenbar schon früh assoziatives und analytisches Denken zu unterscheiden. Die Kognitionsforscherin L. Gabora wies anhand von Computersimulationen darauf hin, dass die Fähigkeit, zwischen beiden Denkweisen aufeinander abgestimmt zu wechseln, einen evolutionären Fortschritt darstellt, dessen Ausbildung möglicherweise mehrere zehntausend Jahre in Anspruch genommen hat. Es sei jedenfalls nützlich, „ein kognitives Gleis zu verlassen und die Dinge neu, aus ungewohnter Warte zu betrachten". Nach dieser Hypothese habe der menschliche Verstand vor „etwas mehr als 100 000 Jahren" ein kreatives Potential erreicht, das in sozialer Partnerschaft zivilisatorisch fruchtbare Weiterentwicklungen ermöglichte.[25]

Auch die Hirnforschung untersucht das Phänomen Religion und versucht zu erklären, „wie Glaube im Gehirn entsteht".[26] Man kann dabei an prosozialem Verhalten anknüpfen, das es bereits bei Tieren gibt. Die Entdeckung von sog. Spiegelneuronen im frontalen Großhirn hat dafür neue Forschungspfade eröffnet. Neuronale Abläufe bei religiösen Praktiken wie Meditation und Gebet können

22 Hampe, 2015; Gassen, 2008, 109.

23 Haarmann, ⁴2011, 9, 113f.; Kuckenburg, 2015.

24 D'Huy, 2015, 66–73.

25 Pringle, 1998, 2013.

26 So der Untertitel von Neuberg et al. 2004.

mit technischen Mitteln grob im Gehirn verfolgt werden. Studien der kognitiven Entwicklung beim Menschen machen deutlich, dass die *Fähigkeit zu experimentieren* in der Evolution neue Verhaltensmuster ermöglichte. Man kann an spielende Kinder denken, die Ideen haben und ausprobieren. Zusammenkünfte von Menschen auf der Stufe der Jäger und Sammler, die mit hoher Wahrscheinlichkeit auch kultischen Charakter haben konnten, schließlich die Ausrichtung von Festen und Feiern, boten Gelegenheit zu Kommunikation und Gedankenaustausch, die Traditionsbildung und Kumulation von Wissen ermöglichte. Mit der Entwicklung zur Sesshaftigkeit, der Entstehung von Dörfern und Städten verstärkte sich diese Tendenz.[27] Monogame Paarbildung ermöglichte kontinuierliche Lebensplanung und erhöhte damit die Lebenschancen auch für folgende Generationen.[28] Da sich die Lebensbedingungen für die Menschen nach Ende der letzten Eiszeit während des Jungpaläolithikums verbesserten, konnten höhere Lebensalter erreicht werden; dadurch konnte eine Großelterngeneration heranwachsen, die die Entwicklung der Kultur beschleunigte[29]. Der Weitergabe religiöser Tradition und ihrer kultischen, gottesdienstlichen Praxis konnte dabei stabilisierende Bedeutung zukommen.

Auch die Konkurrenz zwischen verschiedenen Gruppen früher Menschen, die zu Auseinandersetzungen und Kämpfen führte, förderte intelligente Strategien zur Überlebenssicherung. Diese entwickelten sich durch Austausch und Weitergabe fort. Die archäologisch erforschbaren, äußeren Relikte dieser entscheidenden Schritte der Menschwerdung lassen freilich nur Vermutungen und hypothetische Schlüsse zu. Insbesondere sind keine Einblicke in die Innenseite, den Innenraum der Lebensgeschichte möglich. Was haben diese historisch frühen Menschen erlebt, erfahren, gefühlt, gedacht und artikuliert, bis es in der uns zugänglichen äußeren Symbolwelt zum Ausdruck kam? Was sollte schließlich mit Zeichen und Bildern *gesagt* werden? Das gilt zentral auch für die Religion, die in dieser Symbolik zum Ausdruck kommt.

---

27 Schaik und Michel, 2016, haben das als Biologe und Historiker in der Bibel verfolgt.

28 Blake, 2015: Sich paarweise zusammenzutun, war ein genialer Schachzug unserer Vorfahren. Denn erst die Monogamie bot die Voraussetzungen für die Evolution unseres großen Gehirns.

29 Caspari, 2012, 25: „Erst seit etwa 30 000 Jahren wird ein größerer Teil der Menschen älter als 30 Jahre. Die immer höhere *Anzahl älterer Menschen* könnte eine wichtige Triebkraft für neuartige Werkzeuge und *Kunstformen* gewesen sein – zwei Entwicklungen, die sich gegenseitig förderten. Offenbar hatten die Neandertaler und andere archaische Menschen dieser kulturellen Beschleunigung nichts entgegenzusetzen."

Entwicklungspsychologie, Religion und Gott

Hilfreich dürfte ein Blick auf die Entwicklung menschlichen Denkens sein, wie sie bis heute bei jedem einzelnen Kind als Individuum und in dem Kollektiv, in das es hineinwächst, beobachtet, psychologisch interpretiert und wissenschaftlich untersucht werden kann. Bereits die pränatale Kommunikation zwischen Mutter und Fötus ist von entscheidender Bedeutung für die Entwicklung des Kindes.[30] Von der Geburt an sind die emotionalen Beziehungen zwischen Mutter, Vater, auch anderen unmittelbaren Kontaktpersonen und dem Kind die Vorgaben für den Fortgang der Entwicklung hin zum reichhaltigen, flexiblen Denken und Handeln. Dabei kommt der „Erfahrung, sich mit dem anderen zu identifizieren und eine Bewegung hin zu dessen innerer Haltung zu vollziehen", grundlegende Bedeutung zu.[31] Lebensbestimmende Grundhaltungen werden primär durch emotionale Kommunikation weitergegeben. Wechselseitige Anerkennung (nach Paul Ricœur: reconnaissance mutuelle[32]) eröffnet kreatives, flexibles und phantasievolles Denken. Liegen also auch heute schon bei jedem Kind „die Wurzeln des Symbolgebrauchs im Zwischenmenschlichen"[33], so dürfen, anknüpfend an vormenschliche Entwicklungen, auch die Anfänge menschlicher Kultur überhaupt in dieser Weise interpretiert werden. Psychologische, archäologische und biologische Analyse können wechselseitig aneinander anschließen. Kulturelle und biologische Evolution greifen ineinander. Mit „*Evolution*" ist dabei nicht bloß eine bestimmte, etwa nur biologisch orientierte Theorie angesprochen. Vielmehr ist das *Phänomen* einer *Entwicklung* im Blick, die unter verschiedenen Aspekten betrachtet werden kann: im Rahmen von Biologie und Archäologie bis zur Psychologie, woran sich die Reihe der Kultur- und Geisteswissenschaften anschließt, die ihren eigenen methodischen Vorgaben folgen. Das *Phänomen Evolution* setzt also in seiner Reflexion eine Vielzahl auch unterschiedlicher Denkansätze frei, die miteinander vernetzt werden können. Das *Phänomen Religion* kann dabei einbezogen und sowohl eigenständig wie in seinen Vernetzungen reflektiert werden. Der *Begriff* „Gott" steht dabei ebenfalls zur Disposition. In der Biologie kommt er nicht vor, in anderen Wissenschaften begegnet er möglicherweise als Abstraktum, in der Religionswissenschaft wird er als Abstraktum thematisiert.

---

30 Janus, 2000.

31 Hobson 2014, 249.

32 Ricœur, 2006, 195.

33 Hobson 2014, 43.

Wozu aber *brauchen wir Gott*? Angesprochen ist hier der Grund unserer Existenz, die Unmittelbarkeit der ursprünglichen Beziehungswirklichkeit des Lebens, unser *Erleben*.[34] Dessen Ort ist die Kommunikation *vor* aller möglichen Reflexion, letztlich die Kommunikation mit Gott, aber auch die Kommunikation der Menschen und aller Geschöpfe miteinander. Eine Antwort auf die Frage „wozu" kann nur in gemeinsamem Gespräch gesucht werden, im Gespräch mit Gott und mit den Menschen. Ein solcher Dialog wird dann allerdings auf zwei Ebenen verlaufen, einmal im Bereich existentieller Fragestellungen, im Lebens- und Erfahrungszusammenhang, zum anderen auf der Ebene der Reflexion solcher Erfahrungen. Das eine ist der Bereich von grundlegender Lebensorientierung und Seelsorge, das andere die Aufgabe der Vergewisserung solcher Orientierung. Der Kontext, die Vorgabe solcher Dialoge ist in der Kulturentwicklung, heute in unserer von den Natur- und Sozialwissenschaften geprägten Welt zu finden. Nur *in dieser unserer Welt* kann ein solcher Dialog Gestalt gewinnen. Die Gottesfrage kann nicht isoliert verfolgt werden – sie würde alsbald von sich aus in den Bereich bloßer, isolierter Abstraktion geraten und in lähmender Ungewissheit erstarren. Einen Gott, den „es gibt", der also intellektuell einsehbar gemacht oder gar bewiesen werden könnte, gibt es wahrscheinlich nicht[35]. Auch was In-der-Welt-Sein bedeutet, würde durch eine Isolierung von der existentiellen Gottesfrage einseitig bleiben und der Klage offenen Raum geben: Eigentlich brauchen wir Gott doch. Der Dialog ist notwendig, um beide Einseitigkeiten und das damit verbundene Ungenügen zu überwinden.

Die existentielle und kulturelle Frage, ob wir Gott brauchen, wäre auch zu erweitern im Blick auf die gesamte Welt des Lebendigen bis hin zur Kosmologie: Braucht die Schöpfung Gott, um sich selbst in ihrem Wesen darstellen und spätestens im Bereich des Menschen in ihrer Beziehungsmöglichkeit und Beziehungswirklichkeit wahrnehmen, verstehen und entfalten zu können? Und umgekehrt: Will Gott die ganze Schöpfung und ihre Entwicklung, um sich als

---

34 Hemminger, 2015, 48: „Die Evolutionstheorie ignoriert alles, was Pflanzen, Tiere und Menschen in vielen Jahrmillionen erlebten. Auch unsere eigene Biographie spielt für die Evolutionstheorie keine Rolle." „Dass die Biographie – wieder alle Wahrscheinlichkeit – für Gott eine Rolle spielt, kann uns nur die Theologie sagen. Hoffentlich redet sie verständlich, und hoffentlich hören wir zu." Sicher ist hier nicht nur die Theologie, sondern zumindest auch die Philosophie gefragt. Vgl. Hemminger, 2015, 2–19.

35 Bonhoeffer, [2]2002, 112: „Im sozialen Bezug der Person kommt der statische Seinsbegriff des ‚es gibt' in Bewegung. Einen Gott, den ‚es gibt', gibt es nicht; Gott ‚ist' im Personbezug, und das Sein ist sein Personsein" (Hinweis von Ilse Tödt).

Gott zu entfalten und in seiner Liebe wahr genommen zu werden? Will, ja braucht Gott dazu die Menschen?

Die Verstorbenen

Das Phänomen, das uns überall in unserer Wirklichkeit begegnet und betrifft, ist der Tod. Biologisch ist festzuhalten: Ohne Sterben gäbe es keine Evolution, kein Leben in der Fülle und Vielfalt, wie wir es kennen. Sterben und Geburt gehören zusammen, und Geburt bedeutet etwas Neues, das Bisheriges und nunmehr Altes zurücklässt. In der Geschichte des Lebens wird sich spätestens der Mensch dessen bewusst. Seine Lebenszeit ist begrenzt, wie die aller anderen Geschöpfe. Durch Mangel und mannigfache Gefährdungen droht sie beeinträchtigt und verkürzt zu werden. Das erzeugt Angst. Lebenswille ist allen Lebewesen eingeboren. Ohne ihn könnte sich Leben nicht entfalten. Ohne ihn gäbe es keine Evolution und auch keine Geschichte. Deshalb sind Mangel, Krankheit und Sterben schmerzlich, aber ihrerseits Teil der Evolution des Lebendigen.

Wie wird der Mensch mit der Grunderfahrung des Todes „fertig“? Wird das Phänomen Evolution verallgemeinert, also nicht nur eingeengt auf eine Evolutions*theorie,* und wird die „kulturelle Evolution“ als Fortsetzung und Erweiterung der biologischen Evolution verstanden, so ist auch die Frage nach einem Leben jenseits des Todes in dieser Perspektive weiter zu verfolgen. In dieser Frage sehen Anthropologen, Archäologen ebenso wie aufklärerisch orientierte Historiker und Philosophen eine wichtige Quelle von Religion. Ein gewisses Problem ist bereits die Tötung von Tieren, auf deren Körper man zur Ernährung angewiesen ist, die aber auch mögliche Partner sind, die zum gemeinsamen Lebensunterhalt beitragen. Leben sie ebenfalls in anderer Form weiter und können sie immer noch Einfluss auf die Lebenden nehmen? Muss man ihnen Opfer bringen? Erst recht sind die verstorbenen Mitmenschen nicht einfach tot, ihr Leben wirkt weiter. Schon Erinnerungen sind wirkmächtig, von Vorfahren geschaffene Strukturen bestimmen spätere Generationen. Wirken sie jetzt in anderer Gestalt, vielleicht aus einer anderen Welt, auf das irdische Leben ein? Höhlen können zum Eingang in eine Unterwelt werden, wo die Verstorbenen weiterleben. Dort angebrachte Malereien scheinen davon zu zeugen. Später kann für den Kontakt mit den Toten das Herdfeuer einen solchen Ort symbolisieren. Die überlieferten Artefakte, Zeichnungen und Bilder aus der Altsteinzeit, insbesondere des *Jungpaläolithikums* dürften kulturelle Entwicklungen bezeugen, in denen man sich mit diesen Fragen elementar auseinandersetzte. Sie lassen ahnen, mit welchen Antworten das Leben gestaltet wurde. Genaues können wir freilich nicht wissen. Gräber lassen sich seit 100 000 Jahren nachweisen, zunächst vom Neandertaler, dann vom modernen

Menschen.[36] Die älteste Bestattungen von modernen Menschen sind aus dem *Gravettien* (32 000 bis 24 000 v.Chr.) bekannt.[37] Das älteste Grab Österreichs wurde 2005 auf dem Wachtberg in Krems ausgegraben: zwei Säuglinge, mit roten Farbstoff bestreut und einer Perlenkette aus Elfenbein versehen.[38] Die bislang älteste Bestattung in Deutschland (um 20 000 v. Chr., Solutréen/Grubgrabien) wurde in der Höhle Mittlere Klause im Altmühltal gefunden.[39] Deutliche Zeugnisse des Bestattungswesens finden sich aus dem *Neolithikum* (in der Levante 9500 bis 5000 v.Chr., ähnlich in Anatolien, in Mitteleuropa 6000 bis 2000 v. Chr.).

Sobald Menschen sesshaft wurden, finden sich Spuren ihrer Ansiedlungen, nämlich Haus- und Dorfanlagen. Hier finden sich auch Hinweise auf das alltägliche Leben, einschließlich des religiösen.[40] Dabei sind Gräber als Zeugnisse von Bestattungspraktiken von besonderem Interesse.[41] Festzuhalten ist, dass die Gebeine der Verstorbenen, wie Ausgrabungen in Jordanien[42] und neue Funde in der Türkei (Göbekli Tepe; eine mittlere Schicht III 9600 bis 8800 v.Chr.) und in Serbien (Lepenski Vir, 6500 bis 5500 v.Chr.) zeigen, vielfach bei den Lebenden bestattet wurden, in Lepenski Vir beim zentralen Herd unter dem Estrich der Wohnbauten. Teilweise wurden die Schädel, wohl nach Verwesung des Fleisches, abgetrennt[43] und, zuweilen übermodelliert, separat begraben. Eine zentrale Rolle spielte zweifellos das Opferwesen. Napfsteine in der Nähe des Herdes dienten Totenopfern: Die Verstorbenen wurden auf diese Weise weiter versorgt. So versicherte man sich ihres Wohlwollens. Bildnisse, die apotropäische Bedeutung gewinnen konnten, repräsentierten ihre Gegenwart. So wurde der Herd und sein Feuer zum Zugang zum Totenreich, zur „Unterwelt".[44]

---

36 Schnurbein, 2009, 21: Die „Bestattung der Verstorbenen … tritt mit dem klassischen Neandertaler vor ca. 100 000 Jahren auf, und bis heute sind insgesamt etwa 35 gesicherte Bestattungen … dokumentiert. Doch weisen Gräber des frühen Anatomisch Modernen Menschen in Palästina wie in der Qafzeh Höhle ein ähnlich hohes Alter auf."

37 Schnurbein, 2009, 28–32.

38 Schnurbein, 2009, 29, Abb. 23.

39 Schnurbein, 2009, 32.

40 Gebel, 2005, 55: „Wir müssen … davon ausgehen, daß der neolithische Mensch sein Leben weit mehr entlang magischer und religiöser Praktiken und Vorstellungen ausrichtete als wir es bisher annahmen: kein Handeln und keine materielle Hinterlassenschaft, die nicht Zeugnisse dieser Welten bietet."

41 Wunn et al. 2015; Parzinger ^{2}2015.

42 Katalog 10 000 Jahre Kunst und Kultur aus Jordanien, 2005, 55.

43 Katalog 10 000 Jahre Kunst und Kultur aus Jordanien, 2005, 38.

44 Wunn et al., 2015, 111–114.

Repräsentative Figurinen konnten in späterer Zeit ebenfalls in Herdnähe unter dem Fußboden aufbewahrt werden. Aus Ahnen wurden so Göttergestalten. In historischer Zeit „entstanden … regelrechte Götter, die dann aber nicht mehr im Ritual vergegenwärtigt, sondern im Kult verehrt wurden".[45] Im Rahmen des Opferwesens entwickelte sich so etwas wie ein Gabentausch: Der Opfergabe sollte Schutz und Begünstigung durch die Gottheit als Gegengabe entsprechen. Von Malta ist ein regelrechtes System von Güteraustausch beschrieben worden, das auch geistige Güter einschließt.[46] Für das Neolithikum kann in naturwissenschaftlich orientierter Perspektive gesagt werden: „Aus ursprünglichen, ersten vorreligiösen Vorstellungen im Rahmen der Schädeldeponierungen oder schützenden Frauenfigurinen entstehen … durch Variabilität und Selektion [!] letztlich unterschiedliche, an ihre jeweilige (soziale, politische, ökonomische naturräumliche) Umwelt adaptierte Religionen, die sich in einem kontinuierlichen Prozess weiterentwickeln."[47]

Bis in die historische Zeit hinein, so auch noch in der hebräischen Bibel, ist die Unterwelt der Ort, wo die Toten ihr schattenhaftes Dasein verbringen. Die Vorstellungen korrespondieren mit dem jeweiligen Weltbild. Als Beispiel seien die Hethiter genannt: Hier gab es in der Zeit ihres anatolischen Großreiches im 13. vorchristlichen Jahrhundert zwei unterschiedliche Kosmologien. Einerseits gab es eine zweiteilige: Die irdische Welt wurde zusammen mit der Unterwelt vom Himmel unterschieden. Andererseits gab es unter mesopotamischem Einfluss einen dreigeteilten Kosmos: Erde, Unterwelt und Himmel wurden jeweils streng geschieden. Im ersten Vorstellungskreis konnten Götter in die Unterwelt herab- und wieder hinaufsteigen. Im zweiten blieben die Toten in der Unterwelt isoliert.[48] Ebenso unterscheiden sich die negativen Vorstellungen Mesopotamiens vom Totenreich von den hoffnungsvolleren Vorstellungen in Ägypten. Die Seelen der Verstorbenen konnten im Lauf der kulturellen Entwicklungen schließlich den chthonischen Charakter verlieren. Dann gehörten sie nicht mehr von vornherein der Unterwelt an, sondern konnten in den Himmel einkehren. Dieser Prozess lässt sich im Alten Testament ein Stück weit verfolgen, insbesondere in der Gebetsliteratur, in den Psalmen.

In evolutionärer Perspektive kann die Entwicklung der Religionen bis hin zum Monotheismus weiterverfolgt und ein Stück weit plausibel gemacht werden. Machtstrukturen bilden durchgehend ein zentrales Motiv, um Weiterentwicklungen

---

45 Wunn et al., 2015, 178.

46 Wunn et al., 2015, 210–213.

47 Wunn et al., 2015, 135.

48 Görke, 2015.

und schließlich eine Zentralisierung des Kultus zu erklären. Bei der Auslegung des Deuteronomiums (des 5. Buches Mose) spielt ein solcher Prozess, der auch archäologisch begründet ist, eine wichtige Rolle (so etwa bei Israel Fleckenstein). Damit gelingt in der Tat eine objektivierende Geschichtsbetrachtung dessen, was mit dem Begriff Religion erfasst werden kann. Diese Vorgehensweise kann an eine biologische Interpretation des menschlichen Verhaltens und Denkens anschließen und sie auf „höherer" Ebene weiterführen. Sie gewinnt dabei Selbständigkeit und eine eigene Dynamik. Es bleibt in dieser Analyse allerdings prinzipiell *bei einer Betrachtung „von außen"*.

Religion im Lebenszusammenhang

Die objektivierende, naturwissenschaftlich orientierte Betrachtung von Religion reicht nicht dafür aus, sie in ihrer Tiefe und Bedeutung zu verstehen. Auf die *Innenseite gelebter Religion* kann aus dieser Perspektive nur spekulativ geschlossen werden. Was aber *erlebten* die Teilnehmer eines Kultes zur Zeit des Paläolithikums, was in der neolithischen Behausung, was in einem Tempel frühgeschichtlicher Zeit? Selbst das Erscheinen schriftlicher Zeugnisse (in Mesopotamien und Ägypten weitgehend unabhängig voneinander um 3200 v.Chr.[49]) gibt zwar einen gewissen Einblick in das „innere" Erleben der religiösen Menschen und Gemeinschaften. Doch der Impuls für die Entstehung solcher Texte kann, „von außen" betrachtet, kaum treffend wahrgenommen werden. Zunächst geht es wohl um die Transaktionen von Gütern und Menschen bei Anrufung von Göttern und Herrschern. Aus überlieferten Verlautbarungen von Herrschaftsinteressen können wiederum Machtverhältnisse erschlossen werden. Doch was liegt solchen erschließbaren Interessen letztlich zugrunde? Wurde von jeweils angerufenen und benannten Gottesgestalten lediglich die Sicherung von Lebensverhältnissen, Bewahrung vor Unglück und Geleit in ein jenseitiges Leben erwartet? Ähnliche Fragen zum religiösen Verhalten stellen sich bis heute. Was könnte ein in dieser Weise „objektiv", von außen gedachter Gott wirklich ausrichten? Was also ist das Besondere einer Fragerichtung, die Religion auch von ihrer „Innenseite", ihrer existentiellen Praxis her zu verstehen sucht?

In der Vor- und teilweise auch noch in der Frühgeschichte gibt es dazu keine eindeutigen Hinweise. Die späteren Entwicklungen schriftlicher Texte, neben und nach bildlichen Darstellungen, eröffnet allerdings eine neue Dimension von Zugängen. Religiöse Erfahrungen, Erlebnisse und Orientierungen konnten nicht

49 Nunn, 2006, 76f.

mehr nur gestisch, in Bildern, musisch und mündlich, sondern auch schriftlich *erzählt* werden. Das ermöglicht eine neue, umfassende Wahrnehmung des Lebens. Im Unterschied zu bloßen Listen, wie sie in frühen Dokumenten im Alten Orient aufgezeichnet wurden, ermöglichen Erzählungen Vergegenwärtigung und Verinnerlichung von Geschichte, die so zum Motor weiterer Entwicklung wird. Religiöse Texte, die von Erfahrungen erzählen, bieten nicht nur historisch mehr oder weniger verifizierbare Daten, sondern artikulieren lebendige Gottes*verhältnisse. Sie* offenbaren *Beziehungen* zwischen Menschen und Gottheiten, so auch mit dem in der Bibel bezeugten Gott, und zwischen Menschen untereinander, Beziehungen auch zur Natur. „Umwelt" erscheint nicht nur als Ökosphäre, sondern als Mitwelt. Die Beziehungen zu Tieren sind darin einbezogen. Sie werden in intersubjektiver, teilnehmender und wechselseitig austauschender, im Wesentlichen zunächst emotionaler Weise neu geschildert. Auch das Tieropfer ist hier mit zu bedenken. Der von Schamanen initiierte und begleitete Bärenkult in Sibirien ist als „menschliche Urreligion" bezeichnet worden.[50] Bären wurden bis in unsere Zeit in einer langen Zeremonie gereizt, verletzt und schließlich getötet. Angesichts des abgezogenen und demonstrativ aufgehängten Felles wurde dann das Fleisch verzehrt. Ähnliche Kulthandlungen könnten vielleicht auch schon vor 40 000 Jahren stattgefunden haben. Auch im Alten Testament spielt das Tieropfer eine als selbstverständlich vorausgesetzte Rolle. Differenziert vermittelt und auf der begrifflichen Ebene weiter gedacht, versucht der Begriff „Schöpfung", existential gefasst, dieses Beziehungsgefüge zu benennen. Er schließt die Evolution ein, die als biologisch und kulturwissenschaftlich im Prinzip erklärbares Phänomen verstanden wird, und sieht die Entwicklung darüber hinaus in einen größeren, umfassenden Zusammenhang eingebettet: in das Beziehungsverhältnis zu Gott als Schöpfer „Himmels und der Erde", wie es im Anschluss an die biblische Überlieferung das christliche Glaubensbekenntnis formuliert. In rein kausalen Begriffen lässt sich diese Aussage nicht mehr fassen.

Im jüdisch-christlichen und anders auch im islamischen Zusammenhang ist *die Bibel* die Textsammlung, die in vielfältiger Weise seit dem 10. Jahrhundert v. Chr. von *Erfahrungen mit Gott* erzählt und in ebenso vielfältiger Weise darüber reflektiert. Religiöse Vorgaben, in denen verschiedene Gottheiten eine Rolle spielen, sind in den Überlieferungen natürlich präsent. Es sind hier aber insbesondere Erfahrungen weitergegeben worden, die mit dem Gott Jahwe gemacht wurden, der im Gebiet des späteren Juda und Israel verehrt und dort dann als Staatsgott

---

50 „Bärenkult und Schamanenzauber. Rituale früher Jäger": Ausstellung im Archäologischen Museum Frankfurt/M, bis 27.3.2016.

angesprochen wurde. Es ist eine vielseitige und wechselvolle Geschichte, in die wir Einblick gewinnen. Zentral ist die Frömmigkeit, die in den Texten zu Wort kommt, und die Menschen auch abseits von offizieller Religion und Politik bestimmte. Insbesondere poetische Texte wie die Psalmen zeugen davon. Immer wieder neu wird erzählt und berichtet vom Verhältnis zwischen Gott und Mensch, von Fügung, Rechtfertigung, Befreiung. Gotteserfahrung in diesem Sinn geht von Gott aus. Diese Einsicht transzendiert religiöse Übungen in gegenläufiger Richtung. Es wird bezeugt, dass sich Gott erfahren lässt, dass *Gott spricht – und handelt.* Das Neue Testament verkündigt und expliziert diese Erfahrung im Blick auf Jesus Christus, auf den historischen Menschen Jesus von Nazareth, auf sein Verhalten, seine Lehre und sein Geschick, und auf das Erlebnis seiner Gegenwart gerade nach seiner Kreuzigung. Theologisch wird dieser Geschehenszusammenhang als „Offenbarung" gekennzeichnet.

Gotteserfahrung als Offenbarung ist ein Phänomen, das im Rahmen kausalanalytischer Forschung nicht vollständig erschlossen werden kann. Es kann beschrieben, erläutert, aber nicht eigentlich erklärt werden. Betroffene können Zeugnis davon geben, davon erzählen, auch singen – das Lied, der Hymnus ist der Gotteserfahrungen angemessen. Hier geht es um existentielles, Erleben stiftendes Geschehen. Eine Hypothese oder Theorie kann es nicht hinreichend abbilden. Im Lebenszusammenhang ist hier die ursprüngliche, schon vorsprachliche Ebene von Emotion und Gefühl, von existentiellen Entscheidungen, von Ja und Nein im Blick. Das ist der eigentliche Grund, die unverfügbare Vorgabe, von Religion und christlichem Glauben.

Zu einer möglichen Theologie der Evolution

Religiöse Erfahrungen haben eine geschichtliche Dimension. Sie sind nicht singulär, sondern stehen in einem allgemein menschlichen Erfahrungszusammenhang. Im Alten Testament wird von den Gotteserfahrungen des Volkes Israel erzählt. Die christliche Geschichte mit Gott reicht vom Zusammenleben der ersten Jünger mit dem historischen Jesus von Nazareth über die Erlebnisse vor und nach seiner Kreuzigung und die Entstehung der ersten Gemeinden, von der Entwicklung der christlichen Kirchen und ihrem spirituellen Leben durch die Jahrhunderte hindurch bis in das kirchliche Leben unserer Zeit[51]. In diesem Sinne lässt sich von der Geschichte der „Erfahrungen mit der Erfahrung" des christlichen Glaubens sprechen. Es gilt das – existentiell fundierte, dichterisch formulierte, emotional

51 Ebeling, [1]1979.

gesungene und als solches weiter gehende – Wort: Gott ist gegenwärtig, so wie das 1729 entstandene Kirchenlied von Gerhard Tersteegen exemplarisch formuliert (Ev. Gesangbuch, 1995, Nr. 165). Wie für den Apostel Paulus kann das keine theologische Spekulation sein, sondern ist „der Blick auf die Wirklichkeit der Glaubenden, die von der Gewissheit der Rechtfertigung bestimmt ist (Röm 5,1; vgl. auch Röm 8,31–39)".[52] Die Frage, ob es Gott gibt und ob wir ihn brauchen, kann dann als überholt fallen gelassen werden.

Um das kommunizieren zu können, was von daher als „Gottes Handeln" bezeichnet werden mag, bedarf es weiterer sprachlicher Verständigung. Wie weit ist das – philosophisch reflektierte – Phänomen Evolution geeignet, theologische Inhalte einer von den Ergebnissen der Naturwissenschaft geprägten Öffentlichkeit verständlich zu machen? Eine entsprechende *Theologie der Evolution* lässt sich in zweierlei Hinsicht denken. Einmal kann die religiöse Evolution als ein Prozess betrachtet werden, der in die Evolution von Universum, Sonnensystem, Erde und irdischem Leben bis hin zu Kulturen eingebettet ist. Die Entfaltung der biblischen Tradition und des Christentums ist ein Teil dieses Prozesses. Christlicher Glaube wäre dann die Entfaltung von Religion auf einer bestimmten Stufe der Evolution. Oder die theologischen Überlegungen setzen bei gegenwärtigen Erfahrungen göttlicher Liebe, Fügung, Befreiung, Trost und Offenheit ein und nehmen diese in ihren geschichtlichen Entwicklungen wahr, einschließlich der Prähistorie und der Naturgeschichte insgesamt. Gottes Nähe und Gegenwart wird aus dieser Sicht bereits in der evolutionär sich entfaltenden Natur geglaubt und erwartet. Gott war nicht nur den Menschen der letzten 3000, 10 000 oder 30 000 Jahre nahe, sondern auch dem Neandertaler und Homo erectus, ebenso wie den Mammuts der Eiszeit und den Sauriern.

Anders gesagt: Die Genitivformulierung „Theologie der Evolution" kann als genetivus subjectivus verstanden werden: Die Evolution bringt Glaube und Theologie hervor. Oder sie wird als genitivus objectivus verstanden: Die Theologie behandelt das Phänomen Evolution.[53] Evolution bedeutet aus der ersten Perspektive das Erscheinen des Gottesglaubens in der Geschichte, vorbereitet in der Natur. Aus der zweiten bedeutet Evolution, dass Gottes Nähe und die Begegnung der Geschöpfe mit dem Schöpfer jeweils in neuer Weise geschah. Der Unterschied besteht darin, dass einmal *das Denkmuster der Evolution in die Theologie als leitender Entdeckungszusammenhang eingeführt wird – oder umgekehrt die Theologie das Verständnis von Evolution in ihre eigene Blickrichtung integriert.*

52 Landmesser, 2016, 91.
53 Hübner, 1977.

Gerd Theißen nahm beide Blickrichtungen auf und bezog sie (in umgekehrter Reihenfolge) aufeinander: „Entweder zeichnet man naturwissenschaftliche Erkenntnisse in den biblischen Glauben als Deutungsrahmen ein – die Frage ist dann: Wie kann man die Evolution des Lebens schöpfungstheologisch interpretieren? Oder man interpretiert den biblischen Glauben in einem naturwissenschaftlichen Rahmen als einen neuen Schritt in der Evolution des Lebens und der Kultur – die Frage ist dann: Wie kann man die Religion im Allgemeinen und das Christentum im Besonderen evolutionstheoretisch deuten? Dort geht man von einer Binnensicht des Glaubens aus, hier von einer Außensicht."[54] Beide Denkbewegungen sind möglich. Es kommt darauf an, sie von einander zu unterscheiden und aufeinander zu beziehen. Glaube und religiöse Praxis liegen im Vollzug *davor* – als lebendige Kommunikation, auf der religiöses Denken und Theologie erst aufbauen. „Theologie der Evolution" in beiderlei Ausprägung kann also nur *hypothetische* Auslegung und Interpretation existentiellen, ursprünglichen Geschehens sein, zu dessen Wahrnehmung und Weitergabe sie allerdings heute einen wichtigen Beitrag leisten kann.

Im Blick auf das Wesen des christlichen Glaubens hat Gerd Theißen eine interessante These aufgestellt: In Anlehnung an eine biologische Begrifflichkeit spricht er von einer anthropologischen *Mutation*. Aus der biologisch fundierten, kulturell weiter geführten Verpflichtung des Gabentauschs (do ut des) in der Religion kann sich durch einen mutationsähnlichen Sprung eine ganz andere, ebenfalls welthaft erlebbare „Kultur des Umsonst" (Paul Ricœur) entwickeln. Dafür steht, so Theißen, die wirkmächtige Gestalt des gekreuzigten und auferstandenen Christus. Das Gebot der Feindesliebe eröffne eine neue Verhaltensmöglichkeit. In Anlehnung an Gerd Theißen weiter formuliert: Selektionistischer Durchsetzungswille wird durch gewährende Liebe, durch wechselseitige Fürsorge, Vergebung, Friedensbereitschaft überwunden. Das kann „von außen" beschrieben und „von innen" im Glaubensvollzug erlebt werden. Diese „Mutation" lässt sich als evolutionärer Vorteil für das Überleben der Menschheit und vielleicht sogar der Natur auf diesem Planeten interpretieren. Sie kann *zugleich* als göttliche Manifestation zur Bewahrung und Weiterführung der Schöpfung verstanden werden. Was sich als nützlich erweist, kann aus Liebe geboren sein. Wo Liebe gegenwärtig ist, werden „alle Dinge zum Besten dienen".

Die Zukunft des Lebens auf der Erde und womöglich auch anderswo im Weltraum bleibt für unseren begrenzten Wahrnehmungsraum offen, so wie die

54 Theißen 2011, 190.

Zukunft des Universums selbst kosmologisch offen ist. Angesichts der Erfahrungen von Gottes Begegnung in der Geschichte von Natur und Menschenwelt darf jedoch Gottes Gegenwart jetzt und in Zukunft erwartet werden. Aus dieser religiösen bzw. glaubenden Sicht ist die Zukunft erst recht offen. *Gott gewährt Zukunft* – gleichgültig, ob in der Fortsetzung der Evolution von Himmel, Erde und dessen, was auf ihr lebt, oder im Zuge einer Vollendung, des Erreichens eines Zieles und der Aufhebung der bisherigen Welt einschließlich einer Beendigung der Evolution. Entscheidend ist: *Gottes Nähe in der Gegenwart ermächtigt dazu, Gottes Zukunft getrost zu erwarten*. In christlicher Sicht wird der „ökonomische" Anteil des steinzeitlichen Verhältnisses zu den Toten und zu Göttergestalten („do ut des") wie aller Opferkult abgelöst durch die Gemeinschaft der Lebenden und Gestorbenen mit dem gestorbenen und auferstandenen Jesus Christus. Wie sich diese Zuversicht in der Zukunft darstellen wird, kann kommenden Zeiten überlassen werden, sofern nicht alle Zeit an ihr Ende gekommen sein wird.

Theologie der Evolution? Biologische Futurologie und theologische Eschatologie entwickeln unterschiedliche Sichtweisen. Sie gehen je auf ihre Weise aufs Ganze, sie sind beide in jedem Menschen zu finden. In einem auf Theorie zielenden Denken sind sie unterschieden und müssen unterschieden bleiben. Sie sind aber aufeinander angewiesen, um der Wahrheit des Lebens treu zu bleiben. Im Lebenszusammenhang, in wechselseitigem Verstehen und im emotionalen Austausch vor und nach der Arbeit des Denkens gehören sie zusammen. Diese Zusammengehörigkeit wiederum zu bedenken und im Gespräch zu klären, gehört zu den Bedingungen der menschenwürdigen Gestaltung unserer Gesellschaft. Der Philosoph Magnus Schlette formulierte entsprechend eine wissenschaftstheoretische „Forderung nach der kompositionalen Stimmigkeit des Lebens". Die christliche Theologie kann ebenso sagen: In den Religionen *und* in der Evolution können wir *Gottes* Wirken erkennen. Aus dem naturwissenschaftlich definierten Phänomen Evolution ist Gottes Wirken nicht ableitbar, es ist aber in ihr gegenwärtig. Auch die Theologie kann dem nur *nach*denken. Dennoch dürfen wir im Glauben an Gottes Nähe seine Gegenwart in Natur- und Menschengeschichte auch künftig erwarten – diesseits und jenseits der Todesgrenze.

Literatur

Altner, Günter (Hg.), Kreatur Mensch. Moderne Wissenschaft auf der Suche nach dem Humanum, München 1969.

Assmann, Jan, Exodus. Die Revolution der Alten Welt, Darmstadt [3]2015.

Bekoff, Marc & Jessica Pierce, Wild Justice. The Moral Lives of Animals, London 2009; dt: Vom Mitgefühl der Tiere, Stuttgart 2011.

Blake, Edgar, Stark als Paar, Spektrum der Wissenschaft 2015/4, 34–39.

Blume, Michael, The Reproductive Benefits of Religious Affiliation, in: Voland, E.; Schiefenhövel, W. (Hg.), The Biological Evolution of Religious Mind and Behavior, Heidelberg 2009, 117–126.

Bonhoeffer, Dietrich, Akt und Sein, Dietrich Bonhoeffer Werke, Hans-Richard Reuter (Hg) Bd. 2, [2]2002.

Burkert, Walter, Kulte des Altertums. Biologische Grundlagen der Religion, München 1998.

Buskes, Chris, Evolutionär denken. Darwins Einfluss auf unser Weltbild, Darmstadt 2008.

Caspari, Rachel, Kultursprung durch Großeltern, Spektrum der Wissenschaft 2012/4, 24–29.

Clicqué, Guy M., Rezension von Frans de Waal: Der Mensch, der Bonobo und die zehn Gebote. Moral ist älter als Religion, Stuttgart 2015, in: Evangelium und Wissenschaft virtuell, 2016.

Daecke, Sigurd Martin & Jürgen Schnakenberg, (Hg.), Gottesglaube – ein Selektionsvorteil? Religion in der Evolution – Natur- und Geisteswissenschaftler im Gespräch, Gütersloh 2000.

Damasio, Antonio R., Descartes' Irrtum. Fühlen, Denken und das menschliche Gehirn, München (1995) 2004.

Damasio, Antonio R., Selbst ist der Mensch. Körper, Geist und die Entstehung des menschlichen Bewusstseins, München 2011.

Deuser, Hermann, Religion. Kosmologie und Evolution, Tübingen 2014.

De Waal, Frans: Primaten und Philosophen. Wie die Evolution die Moral hervorbrachte, (2006) deutsch München 2008, Tb. 2011

De Waal, Frans, Der Mensch, der Bonobo und die Zehn Gebote. Moral ist älter als Religion, deutsch Stuttgart 2015.

D'Huy, Julien, Die Urahnen der großen Mythen, Spektrum der Wissenschaft 2015/12, 66–73.

Ebeling, Gerhard, Die lebensmäßige Erfahrung mit Kirche, Dogmatik des christlichen Glaubens, Band III, Tübingen [1]1979, 347–352.

Evers, Dirk et al. (Hg.), Is Religion Natural? London/New York 2012.

Ewe, Thorwald, Entzauberte Höhlenmalerei, in: bild der wissenschaft 2004/6, 24–29.

Evolutionsgeschichte des Menschen. Teil 1–6, In: Spektrum der Wissenschaft 2015, Heft 1–6.

Fischer, Alexander Achilles, Tod und Jenseits in Alten Orient und im Alten Testament, Neukirchen-Vluyn 2005.

Fleckenstein, Israel & Neil A. Silberman, Keine Posaunen vor Jericho. Die archäologische Wahrheit über die Bibel, München (2002) [7]2013.

Foley, Robert, Menschen vor Homo sapiens. Wie und warum unsere Art sich durchsetzte, Stuttgart 2000.

Gamble, Clive, John Gowlett & Robin Danbar, Evolution, Denken, Kultur. Das soziale Gehirn und die Entstehung des Menschlichen, (London 2015) Berlin, Heidelberg 2016.

Gassen, Hans Günter: Das Gehirn, Darmstadt 2008.

Gebel, Hans Georg K., Die Jungsteinzeit Jordaniens. Leben. Arbeiten und Sterben am Beginn seßhaften Lebens, Katalog 10 000 Jahre Kunst und Kultur aus Jordanien, 2005, 45–56.

Görke, Susanne, Das Weltbild der Hethiter, Spektrum der Wissenschaft 2015/8, 62–66.

Haarmann, Harald, Geschichte der Schrift, München [4]2011.

Haidle, Miriam Noel, Die Evolution kultureller Kapazitäten – paläanthropologische Ansätze, in: Breyer, Thiemo et al. (Hg.), Interdisziplinäre Anthropologie. Leib - Geist - Kultur, Schriften des Marsilius-Kollegs 10, Heidelberg 2013, 171–193.

Hampe, Michael, Zur Evolution der Sprache, Marsilius Kolleg Heidelberg, 11.12.15.

Hattrup, Dieter, Theologie der Erde, Paderborn 1994.

Hemminger, Hansjörg, Handeln und Wissen, Glaube und Denken 36, 2015, 45–48, Respons auf Markus Mühling (Theologie und Naturwissenschaft - eine Verhältnisbestimmung, Glaube und Denken 36, 2015, 25–44).

Hemminger, Hansjörg, Die Welt deuten, die Welt weiten. Zum Verhältnis von Theologie und Naturwissenschaft, Glaube und Denken 36, 2015, 2–19.

Hobson, Peter, Die Wiege des Denkens. Soziale und emotionale Ursprünge symbolischen Denkens, Gießen 2014.

Hübner, Jürgen, Schöpfungsglaube und Theologie der Natur, Evangelische Theologie 37/1, 1977, 49–68.

Hübner, Jürgen, Evolutionismus, TRE X, 1982, 690–694.

Hübner, Jürgen, Leben V. Historisch/Systematisch, TRE XX/3–4, 1990, 530–561, hier: 5. Theologie und Biologie, 556–558.

Hübner, Jürgen, Entwicklung II. Religionsphilosophisch, RGG[4] 2, 1999, 1336–1337.

Hübner, Jürgen, Evolution III. Evolution und Schöpfungsglaube, RGG[4] 2, 1999, 1753–1754.

Hübner, Jürgen: Gottvertrauen – Vertrauen in die Schöpfung, in: Weingardt, Markus (Hg.), Vertrauen in der Krise. Zugänge verschiedener Wissenschaften, Baden-Baden 2011, 47–74.

Jablonka, Eva & Marion J. Lamb, Evolution in vier Dimensionen. Wie Genetik, Epigenetik, Verhalten und Symbole die Geschichte des Lebens prägen, Stuttgart 2017.

Janssen, Luke Jeffrey, ‚Fallen' and ‚Broken' Reinterpretated in the Light of Evolution Theory, in: Perspectives on Science and Christian Faith 70/1, 2018, 36–47.

Janus, Ludwig, Der Seelenraum des Ungeborenen, Düsseldorf 2000.

Kuckenburg, Martin, Eine Welt aus Zeichen. Die Geschichte der Schrift, Darmstadt 2015.

Landmesser, Christof, Das gegenwärtige Ende. Geschichte in neutestamentlicher Perspektive, in: Meyer-Blanck, Michael (Hg.), Geschichte und Gott. XV. Europäischer Kongress für Theologie (14.-18. September 2014 in Berlin), 2016, 76–95.

Lang, Patricia & Ulrich Schnabel, „Der Affe als Küchenmeister", Zeit 23, 2015, 37.

Leroi-Gourhan, André, Die Religionen der Vorgeschichte. Paläolithikum, Frankfurt/M 1981 (es 1073).

Lewin, Roger, Die Herkunft des Menschen. 200 000 Jahre Evolution, Heidelberg u.a. 1995.

Mahlstedt, Ina, Die religiöse Welt der Jungsteinzeit, Darmstadt 2004.

Mania, Dietrich, Bilzingsleben V. Homo erectus – seine Kultur und Umwelt, zum Lebensbild des Urmenschen. Langenweißbach 2004.

Marean, Curtis W., Der Siegeszug des Homo sapiens, Spektrum der Wissenschaft 2016 6, 48–55.

Möbius, Friedrich, Gibt es Gott wirklich nicht? Anregungen aus Neurologie, Psychologie und Religionsgeschichte, Leipzig (2015) [2]2018.

Müller-Beck, Hansjürgen, Die Steinzeit. Der Weg der Menschen in die Geschichte, München 1998 (B[S]R 2091).

Müller-Beck, Hansjürgen, Die Eiszeiten. Naturgeschichte und Menschheitsgeschichte, München [2]2009 (B[S]R 2363).

Neukamm, Martin (Hg.), Darwin heute. Evolution als Leitbild in den modernen Wissenschaften, Darmstadt 2014.

Newberg, Andrew, Eugene d'Aquili & Vince Rause, Der gedachte Gott. Wie Glaube im Gehirn entsteht, München/Zürich (2001) 2004.

Newton, Iris, Die Bilderwelt von Lascaux. Entstehung – Entdeckung – Bedeutung, Berlin 2015.

Nunn, Astrid, Alltag im alten Orient, Mainz 2006.

Parzinger, Hermann, Die Kinder des Prometheus. Eine Geschichte der Menschheit vor der Erfindung der Schrift, München/Darmstadt (2014) ²2015.

Pohanka, Reinhart, Die Urgeschichte Europas, Wiesbaden ²2016.

Pringle, Heather, Die Geburt der Kreativität, Spektrum der Wissenschaft Spezial, Archäologie, Geschichte, Kultur 2013/2, 38–45, 44.

Ravilious, Kate, Der prähistorische Kode. Mysteriöse Zeichen in mehr als 30 000 Jahre alten Höhlenmalereien …, Spektrum der Wissenschaft 2011/2, 60–65.

Ricœur, Paul, Wege der Anerkennung. Erkennen, Wiedererkennen, Anerkanntsein, Frankfurt/M 2006.

Rigos, Alexandra, Die geheime Sprache der Tiere, GEOkompakt Nr. 33: Wie Tiere denken, 2015, 54–62.

Reichholf, Josef H., Warum die Menschen sesshaft wurden. Das größte Rätsel unserer Geschichte, Frankfurt/M (2008) ³2012.

Schaik, Carel von, Kai Michel, Das Tagebuch der Menschheit. Was die Bibel über unsere Evolution verrät, 2016.

Schaller, Fritz P., Die Evolution des Göttlichen. Ursprung und Wandel der Gottesvorstellung, Düsseldorf 2006.

Schiefenhövel, Wulf, Quo vadis, Humanethologie? Naturwiss. Rundschau 68/4, 2015, 179–193.

Schnurbein, Siegmar von (Hg.), Atlas der Vorgeschichte. Europa von den ersten Menschen bis Christi Geburt, Stuttgart 2009.

Schrenk, Friedemann, Die Entstehung der Gattung *Homo,* in: Wagner, Günther A., Beinhauer, Karl W. (Hg.), *Homo heidelbergensis* von Mauer. Das Auftreten des Menschen in Europa, Heidelberg 1997, 169–185.

Singer, Wolf, Jenseits des Selbst: Dialoge zwischen einem Hirnforscher und einem buddhistischen Mönch, Frankfurt/M: Suhrkamp 2017. Rez.: RNZ 7.11.19, S. 27.

Sommer, Volker, Menschenrechte für Affen! GEOkompakt Nr. 33, 138–145, 2015.

Stout, Dietrich, Hirnevolution. Wie man einen Faustkeil macht, Spektrum der Wissenschaft 2016/11, 30–37.

Theißen, Gerd, Biblischer Glaube und Evolution. Der antiselektive Indikativ und Imperativ, in: Theisen, Gerd (Hg.), Von Jesus zur urchristlichen Zeichenwelt. „Neutestamentliche Grenzgänge“ im Dialog, Göttingen 2011, 188–237.

Thies, Christian, Michael Tomasello und die philosophische Anthropologie, Philosophische Rundschau 64, 2017/2, 107–121.

Tillich, Paul, Vorlesungen über Hegel, GWE XVIII.

Tomasello, Michael, Die Ursprünge der menschlichen Kommunikation, Frankfurt/M (2011) [3]2014.

Vitebsky, Piers, Schamanismus, Köln 2001.

Voland, Eckart & Wulf Schiefenhövel (Hg.), The Biological Evolution of Religious Mind and Behavior, Berlin u.a. 2009.

Waal, Frans de, Der Mensch, der Bonobo und die zehn Gebote. Moral ist älter als Religion, Stuttgart 2015.

Wagner, Günther A. & Dietrich Mania (Hg.), Frühe Menschen in Mitteleuropa – Chronologie, Kultur, Umwelt, Kolloquium vom 9. bis 11. März 2000 in Heidelberg, Aachen 2001.

Wagner, Günther A. et al. (Hg.), Homo heidelbergensis. Schlüsselfund der Menschheitsgeschichte, Stuttgart 2007.

Weizsäcker, Carl Friedrich von, Der Mensch in seiner Geschichte, München 1991, 1993.

Wickler, Wolfgang, Die Biologie der Zehn Gebote, München 1971.

Wickler, Wolfgang, Die Biologie der Zehn Gebote und die Natur des Menschen. Wissen und Glauben im Widerstreit, Berlin, Heidelberg 2014.

Wunn, Ina, Die Religionen in vorgeschichtlicher Zeit, Stuttgart 2005.

Wunn, Ina, Patrick Urban & Constantin Klein, Götter – Gene – Genesis. Die Biologie der Religionsentstehung, Berlin/Heidelberg 2015.

Ziegler, Reinhard, Zum Ursprung der Gattung Homo, Naturwiss. Rundschau 68/4, 2015.

Ausstellungskataloge

Archäologisches Landesmuseum Baden-Württemberg; Abt. Ältere Urgeschichte und Quartärökologie der Eberhard Karls Universität Tübingen (Hg.), Eiszeit. Kunst und Kultur. Begleitband zur Großen Landesausstellung … Stuttgart, Ostfildern 2009.

Badisches Landesmuseum Karlsruhe (Hg.), Vor 12 000 Jahren in Anatolien. Die ältesten Monumente der Menschheit, Karlsruhe 2007.

Badisches Landesmuseum Karlsruhe (Hg.), Jungsteinzeit im Umbruch. Die „Michelsberger Kultur“ und Mitteleuropa vor 6000 Jahren, Karlsruhe / Darmstadt 2010.

Rheinisches Landesmuseum Bonn, Roots/ /Wurzeln der Menschheit, Bonn 2006.

Kunst- und Ausstellungshalle der BRD, Bonn, Vorderasiatisches Museum zu Berlin – Stiftung Preußischer Kulturbesitz, 10 000 Jahre Kunst und Kultur aus Jordanien. Gesichter des Orients, Berlin, Bonn 2005.

Hansjörg Hemminger

IV. Evolution in der Biologie, Evolution von Kultur und Religion: Was folgt daraus?

Abstract: Just like the bodily features of *Homo sapiens*, the behavioral features of our species are products of an evolutionary history. Human religion is rooted in the cognitive, social and cultural evolution of humanity. It consists of an awareness of transcendence, and on the other hand of an identification with a specific religious tradition. Both are connected by the essential idea of holiness. The paper argues that a natural history of human religion does not necessarily diminish the biblical belief in divine creation, but in fact enriches it. Scientific explanations of religious evolution, however, have to take the complexity of the contributing processes into account, especially the fact that on higher levels of the behavioral system new features and interactions emerge, which cannot be reduced to causes on lower levels. Thus cultural evolution follows rules that differ from genetic evolution etc. "Darwinian" explanations of human religion are popular in the scientific community at the moment but are scientifically unsatisfactory. Yet traditional dualistic views, which confine religion to an unhistorical, spiritual side of human nature, are unsatisfactory as well. There is a natural history of religion, but from the biblical point of view, it is divine history.

Es ist zutiefst menschlich, eine Religion zu haben. Außer unserer eigenen abendländischen Moderne gab und gibt es keine Kultur, die nicht religiös begründet gewesen wäre. Und selbst diese Ausnahme ist strittig. Demgegenüber gibt es in der Tierwelt kaum Hinweise auf religiöses Verhalten, selbst nicht in einem weiten Sinn, und nicht bei den uns biologisch verwandten großen Menschenaffen, den *Hominidae.*[1] Das ist bemerkenswert, weil es durchaus zahlreiche Ansätze tierischer Kultur gibt, d.h. den Erwerb von Verhaltensweisen durch individuelles Lernen und ihre Weitergabe im sozialen Verband. Es gibt bei Tieren auch elementare Formen, Zeichen und Symbole zu nutzen[2], aber eben keine religiöse Symbolik. Was unsere evolutionären Vorfahren angeht, die *Hominini*, von den *Australopithecinen* bis zum *Neandertaler*, gibt es verständlicherweise keine sicheren Erkenntnisse. Erst beim Neandertaler, also einen späten Nachkommen von *Homo erectus*, finden wir gewisse archäologische Hinweise auf Jenseitsvorstellungen, vor allem auf rituelle Begräbnisse. Aber sichere Zeichen von Religion haben wir nur von *Homo sapiens*, von unserer eigenen Art, die allerdings einige 10 000

1 Oviedo, Feierman 2017.
2 Fuentes, Kissel & Peterson 2017.

Jahre zurück reichen. Der Homo religiosus ist, so sieht es aus, ein evolutionäres Unikum. In welchem Sinn, wenn überhaupt, ist dann Religion für Homo sapiens natürlich? In welcher Beziehung stehen die menschliche Biologie, die menschliche Kultur und die Religion des Menschen?

Religion – Transzendenz und Tradition

Wir stellen also zuerst einmal nicht die Frage nach der Evolution der Religionen, nach einem Stammbaum von den (hypothetischen) vorgeschichtlichen Stammesreligionen zu den Götterwelten der archaischen Kulturen bis zu den sogenannten Hochreligionen der „Achsenzeit" (Karl Jaspers). Diesen Stammbaum suchte die evolutionär orientierte Religionswissenschaft des 19. und 20. Jahrhunderts zu erstellen; über ihn wird auch heute noch wissenschaftlich spekuliert. Doch hier geht es um die Frage nach dem evolutionären, d.h. biologischen Hintergrund von Religion an sich, nach der Entstehung der Fähigkeit zum religiösen Verhalten und Denken in der menschlichen Stammesgeschichte. Worin besteht diese Fähigkeit eigentlich? Beginnen wir mit einem nahezu universalen Beispiel, dem Erntedankfest („thanksgiving" in der englischsprachigen Welt). Der Dank an höhere Mächte für die Gaben der Erde, des Himmels, der Natur, gehört im Kreislauf des Jahres zum Kultus aller ackerbauenden Kulturen und darüber hinaus. Aus religiöser Sicht ist das Brot mehr als Nahrung, es ist Ausdruck der freundlichen Zuwendung höherer Mächte. Im Kultus nimmt der Mensch Verbindung zu ihnen auf, zu der Wirklichkeit Gottes (oder des Göttlichen) jenseits der sichtbaren Wirklichkeit. Das – nicht vorwiegend abstrakte weltanschauliche Sätze – ist Religion, die den Menschen menschlich macht und seinen Welt- und Selbstbezug in eine andere Dimension verschiebt als den tierischen. Eine der besten Beschreibungen stammt von Tim Crane, einem erklärten Atheisten. Nach ihm besteht eine religiöse Weltsicht „aus einer Kombination von zwei fundamentalen Haltungen. Die eine nenne ich den ‚religiösen Impuls': einen Sinn für Transzendenz, dafür dass ‚all dies' mehr sein muss als einfach das sichtbar Gegebene. Die andere Haltung ist sozialer Natur, ich nenne sie ‚Identifikation': Man gehört zu einer historischen Tradition und verleiht dem Leben dadurch Sinn, dass man durch Rituale und Brauchtum aus dieser Tradition schöpft. (Dazu gehört auch der moralische Aspekt einer Religion.) Die Verbindung zwischen diesen beiden Haltungen wird von der Idee des Heiligen geschaffen."[3]

3 Crane, zitiert in Spurway 2018 (Übersetzung vom Autor).

Jährlich wiederkehrende Feste gehören danach ebenso untrennbar zur menschlichen Religion wie kultische Antworten auf besondere Unglücksfälle oder Bedrohungen, und wie die Feste zu Lebenswenden: die christliche Taufe bei der Geburt eines Menschen, Initiationsriten beim Eintritt in das Erwachsenenalter, Eheschließungen und – von besonderem Gewicht – der Umgang mit dem Tod und mit toten Angehörigen. Religion ist nicht vorrangig ein intellektuelles System der Welterklärung und ist ziemlich sicher evolutionär nicht so entstanden. Religion ist vielmehr eine in das soziale Verhalten eingebundene und damit gemeinsame Sinnerfahrung durch den Rückbezug zur Transzendenz. Sie ist gleichzeitig auf das Jenseitige, Ewige und Absolute ausgerichtet, und wird ganz irdisch gelebt als Kultus, als Lebensordnung, Moral und Sinngebung. Dazu gehören Welterklärungen in Form archaischer Mythologien, in Form von umfassenden Weltbildern und spätestens seit der sogenannten Achsenzeit (das sechste Jahrhundert vor Christus, im weiteren Sinn 800 bis 200 v.Ch. nach Karl Jaspers) in Form philosophisch durchdachter Existenzanalysen.

Eingebettet in die menschliche Natur

Trotz ihres „Sinns für Transzendenz" bleibt die Religion unlösbar nicht nur mit der menschlichen Kultur, sondern mit der Biologie des Menschen verbunden. Bleiben wir beim Beispiel des Erntedanks: Das Brot, für das rituell gedankt wird, ist keineswegs nur ein „Symbolon", ein „Wegweiser" zu höheren, geistigen oder spirituellen Erfahrungen. Die elementare Erfahrung des Essens und der Sättigung bleibt schon als solche eine religiöse Erfahrung, obwohl der *Homo religiosus* sie mit seinen (nicht erkennbar religiösen) vormenschlichen und tierischen Vorfahren gemeinsam hat. Religiöse Erfahrung ist immer auch leibliche Erfahrung. Unser Körper ist nun einmal ein Produkt einer langen, evolutionären Vorgeschichte, angefangen beim Stoffwechsel über den Geschmackssinn und die Instinkte des Nahrungserwerbs bis hin zum Akt des Essens selbst. Das menschliche Gebiss funktioniert – mit einigen bezeichnenden Besonderheiten – wie das unserer tierischen Vorfahren. Aber diese Besonderheiten sind interessant.

Abb. 1: Schädel eines großen Menschenaffen (1), eines Australopithecinen (2) und Schädel früherer (3 bis 5) bzw. eines modernen (6) Vertreters der Gattung Homo. Zähne und Kiefern werden insgesamt kleiner, und die spitze Krone der Eckzähne wird bereits früh in der Evolution der Hominini *reduziert.*

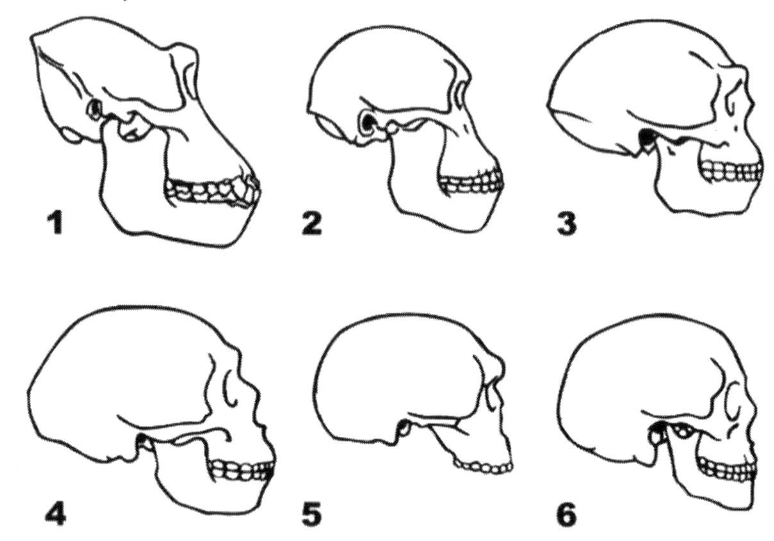

1. Gorilla 2. Australopithecine 3. Homo erectus
4. Neanderthal (La-Chapelle-au-Seine) 5. Steinheim Skull
6. Modern human

http://commons.wikimedia.org/wiki/File:Craniums_of_Homo.svg

(Quelle www.slideshare.net; http://commons.wikimedia.org/wiki/File:Craniums_of_Homo.svg)

Die Eckzähne, die Dentes canini, dienen bei den großen Menschenaffen, den Hominidae, nicht nur zum Essen. Sie sind (besonders im männlichen Geschlecht) lang und spitz und dienen als Waffen. Auch bei Homo sapiens ragen sie noch ein wenig über die Schneidezähne, die Dentes incisivi, hinaus, und ihre Krone ist etwas spitzer. Es handelt sich um eine bescheidene Erinnerung an eine mehr als 3 Millionen Jahre zurück liegende Zeit in der Evolution der Vormenschen (Hominini), in der die Eckzähne größer waren und weiter hinten im Kiefer standen. Aber es ist wohl 7 Millionen Jahre her, dass sie in der evolutionären Linie zum Menschen tatsächlich als Waffen tauglich waren.

Dieses Gebiss mit den insgesamt kleineren Zähnen und ohne hinten liegende, spitze Eckzähne ist ebenso typisch menschlich wie die Kultur, die Getreide anbaut und Brot zubereitet, und wie die Religion. Ist es sinnvoll, das eine, körperliche, Merkmal als Ergebnis einer biologischen Evolution zu verstehen und das andere, kulturelle, nicht? Sowohl Lluis Oviedo (Kapitel I), als auch Jürgen Hübner (Kapitel III) sprechen sich in ihren Beiträgen für ein komplexes, mehrschichtiges Zusammenwirken biologischer und kultureller Evolution mit jeweils unterschiedlichen Dynamiken aus. Aber ihre Position ist nicht selbstverständlich. Es gibt zwei weit verbreitete Alternativen, nämlich eine reduktionistische einerseits, und eine dualistische andererseits. Aus der Sicht eines Leib-Geist-Dualismus gehört der Mensch zwei Welten an, der materiellen, natürlichen Welt einschließlich ihrer Naturgeschichte und der geistigen Welt. Sein körperlich-materielles Wesen entstand durch eine biologische Evolution, deren Fortgang sich z.B. am Gebiss ablesen lässt. Sein geistiges Wesen evolvierte, wenn überhaupt, auf einer anderen Seinsebene (z.B. im Panpsychismus) oder evolvierte gar nicht, sondern war primär als höhere Stufe seines Wesens gegeben. Der Sinn der Religion besteht dann darin, die biologische Existenz in die höhere, geistige Existenz einzubinden und die materielle Seinsebene letztlich zu überwinden. Wir werden auf diese Sichtweise zurückkommen. Doch zuerst zur reduktionistischen Alternative.

Reduktionistische Evolutionsmodelle

Die empirische und Sozialwissenschaft betrachtet Religion mehrheitlich als ein kulturelles Produkt, zum Teil in der Tradition von Emile Durkheim sogar als ein rein soziales Phänomen. Daher stützen sich ihre Erklärungen für die Entstehung und Entwicklung von Religion auf übergreifende Modelle, die sich mit der sozialen, kognitiven und kulturellen Evolution des Menschen befassen. Man kann nachvollziehen, dass religiöse Menschen diese Modelle mit Misstrauen betrachten. Sie haben den Verdacht, dass Religion nicht erklärt, sondern wegerklärt werden soll. In der Tat gibt es zurzeit ein Forschungsprogramm, das darauf setzt, die biologische Evolutionstheorie auf sämtliche Prozesse der Makroevolution auszuweiten, so dass die soziale, kognitive, kulturelle und religiöse Evolution als Erweiterung der biologischen Evolution erscheint. Im englischen Sprachraum werden solche Modelle „Darwinian" genannt. Zum Beispiel orientieren Wunn & Grojnowski ihre Naturgeschichte der Religion strikt an der „modernen Synthese der Evolutionstheorie", die zwischen 1930 und 1960 entstand.[4] Andere Modelle berufen sich auf die zur Zeit in der Biologie diskutierte „erweiterte Synthese der Evolutionstheorie" (Extended Evolutionary Synthesis). Brewer & Kollegen argumentieren zum Beispiel: „Die naturwissenschaftliche Erforschung der Kultur

---

4 Wunn & Grojnowski 2016. Ein deutschsprachiges Buch von Ina Wunn wurde in der Zeitschrift der Karl-Heim-Gesellschaft „Evangelium und Wissenschaft" 39, 2018, 51–59 rezensiert.

erlebt derzeit eine theoretische Synthese, die sich mit der Synthese biologischen Wissens vergleichen lässt, die bereits im 20. Jahrhundert begann. Entscheidend für beide Synthesen ist es, dass Darwinsche Evolutionsideen und -methoden benutzt werden."[5] Der einflussreiche Religionswissenschaftler Norenzayan ist sich sicher, dass „das eiserne Gesetz der Darwin'schen Evolution"[6] auch die Entwicklung menschlicher Religion regierte.

Dieses Programm ist jedoch schon aus der empirisch-wissenschaftlichen Sicht fragwürdig. Denn die Vererbung von genetischer Information zwischen den Generationen (vertikaler Transfer) ist ein in vieler Hinsicht anderer Prozess als der vertikale und horizontale Transfer kultureller Information. Die wichtigsten Unterschiede sind:

Individuell erworbene (phänotypische) Variationen werden beim kulturellen Transfer nicht gelöscht, wohl aber (weitgehend) bei der genetischen Vererbung. Ergebnis ist eine ständige Neu- und Umkonstruktion kultureller Information, und eine ständige Rekonstitution genetischer Information. Daher gibt es keine distinkten, beständigen Einheiten der kulturellen Vererbung (Meme), die den Genen analog wären.

Wenn die Selektionstheorie der „Modernen Synthese" ohne solche Einheiten reformuliert wird, ändert sie sich grundlegend in Richtung eines Quasi-Lamarckismus, da dabei die Vererbung erworbener Eigenschaften einbezogen werden muss, so dass der Evolutionsprozess nur dem Namen nach „darwinistisch" bleibt.

Die kulturelle Vererbung erfordert keine reproduktive Isolation, wohl aber die genetische (siehe unten).

Es gibt keine genetischen „Makromutationen" oder „hopeful monsters", durch die sich eine Spezies von einer Generation zur nächsten verwandelt. Es gibt jedoch kulturelle und religiöse „Makromutationen", zum Beispiel individuelle Religionsgründer.

Zur Erläuterung: Der Genbestand einer Art, das *Genom*, das von Generation zu Generation vererbt wird, ist nicht nur eine Datenbank, sondern ein „Logistikzentrum" das die Entwicklung von der Keimzelle zum adulten Organismus steuert. Aus diesem Grund erfordert die Evolution einer Spezies reproduktive Isolation und die Rekonstruktion des Genoms in jeder Generation. Die genetischen Instruktionen für die Individualentwicklung sind inkompatibel mit denen anderer Spezies, außer im Fall naher Verwandtschaft. Die Narrative und Praktiken einer Religion, die in der nächsten Generation reproduziert werden, enthalten dagegen die Grundlage ihrer eigenen Reproduktion (das Gehirn) gerade nicht. Daher benötigen die religiösen Inhalte, die eine Gemeinschaft weitergibt, keine

5 Brewer et al., 2017, 1 (Übersetzung vom Autor).
6 Norenzayan, 2013, 30 (Übersetzung vom Autor).

reproduktive Isolation. Sie können auch nicht als getrennte Reproduktionseinheiten (Meme) betrachtet werden wie Gene. Aufgrund solcher Überlegungen argumentiert Kundt (2015), für eine Evolution der Religion ohne Biologismen. Andere Analysen aus unterschiedlichen Perspektiven kommen zum gleichen Ergebnis.[7]

Emergenz im komplexen System

Der Versuch, die biologische Evolutionstheorie auf die soziale, kulturelle, kognitive und religiöse Evolution auszuweiten, leidet über die im letzten Abschnitt genannten theoretischen Probleme hinaus an einem Missverständnis der Theorieentwicklung in der Biologie. Die „erweiterte Synthese" beruht gerade nicht darauf, dass die Prinzipien der Selektionstheorie auf immer mehr Phänomene angewandt werden. Sie ergibt sich vielmehr aus einer genaueren Kenntnis der biologischen Systeme, die einer Evolution unterliegen. Das gilt besonders für das Genom, aber auch für die Steuerung der individuellen Entwicklung von Lebewesen, für die ökologischen Interaktion von Arten in komplexen Umwelten usw. Je genauer diese Systeme analysiert werden, desto komplexer und vielschichtiger werden auch die evolutionsbiologischen Modelle. Man könnte sagen, dass sie weniger „darwinistisch" werden. Übertragen auf die Evolution von Religion bedeutet dies, dass reduktionistische Erklärungen für sie nicht in Frage kommen. Vielmehr muss die „Emergenz" neuer Phänomene und Interaktionen auf höherer Systemebene mit erfasst werden. Nicht-reduktionistische Modelle der Kultur- und Religionsevolution setzen deshalb auf ein Schema, das mehrere Ebenen der Evolution vorsieht, auf denen verschiedene Regeln gelten, von der Evolution der menschlichen Physiologie und Neurologie und der Evolution des Sozialverhaltens bis zur Entwicklung von Kulturen und Symbolwelten.[8] Sie betrachten die Evolution des menschlichen Verhaltens als einen Prozess (oder mehrere Prozesse) durch den sich ein komplexes, hierarchisches System an eine veränderliche Umwelt anpasst, sich selbst verändert und sich erweitert. Religion stellt aus dieser Sicht ein Teilsystem der obersten, kulturellen, Hierarchieebene dar. Ein solches komplexes System entwickelt auf jeder Ebene Charakteristika, die sich nicht auf die Charakteristika seiner Komponenten reduzieren lassen.[9]

Auf den höheren Hierarchieebenen treten Phänomene und Ordnungsprinzipien auf, die ebenso fundamental sind wie diejenigen auf niederen Ebenen. Dennoch

---

7 z.B. Lewens, 2015.

8 zum Beispiel Jablonka & Lamb, 2005; Fuentes, 2008; Haidle et al., 2015.

9 siehe Drossel, 2016; Deacon, 2011; Gu & Kollegen, 2009; Clayton, 2005; Laughlin & Pines 2000.

sind die Ebenen kausal verknüpft. Eine Kultur, einschließlich ihrer Religion, wirkt nicht nur auf sich selbst ein, sondern auf die Physiologie ihrer Mitglieder, auf ihre genetische „Fitness", und auf die genetische Evolution (falls es eine gibt) der Population bzw. der Gruppe, die diese Kultur trägt.[10] Zum Beispiel sammelte Michael Blume Daten aus zeitgenössischen religiösen Gemeinschaften die beweisen, dass religiöse Menschen unter modernen Bedingungen größere und stabilere Familien aufweisen als säkular lebende (s. Kapitel II.). Erik Kaufmann publizierte ähnliche Ergebnisse.[11] Die religiöse Evolution, die auf ihrer eigenen Systemebene nach anderen Regeln abläuft, erzeugt „darwinistische" Effekte auf einer unteren Ebene. Ebenso beeinflussen biologische Selektionsprozesse die Ausbreitung oder das Untergehen religiöser Ideen und Formen. Solche Entwicklungsprozesse lassen sich (um ein biologisches Beispiel zu wählen) durch die Entwicklung von Ökosystemen (Biozönosen und Biotope) oder Landschaftsformen illustrieren: Sie können wie Religionen in Form einer Typologie beschrieben werden. Zum Beispiel lassen sich in den Tropen Wüste, Savanne (Steppe), Trockenwald und Regenwald typologisch unterscheiden. Aber wie zwischen Religionen ist die Unterteilung immer auch künstlich. Sie können als distinkte Entitäten betrachtet werden, oder als Punkte auf einem Kontinuum. Als Entitäten verfügen sie über geschichtliche Kontinuität, pflanzen sich fort und entwickeln sich. Aber es gibt nur den Phänotyp der Landschaft, keinen Genotyp, und Veränderungen werden wie in der religiösen Evolution weitervererbt. In einem weiten Sinn konkurrieren auch Landschaften miteinander: Umweltvariablen können dazu führen, dass sich z.B. die Savanne auf Kosten von Wäldern ausbreitet. Die Evolution der Landschaften überlagert die Evolution der Spezies, die sie mit formen, auf einer Metaebene. Kulturelle und religiöse Evolution finden ebenfalls auf einer Metaebene statt, sie überlagern die Evolution der Kognition und des Sozialverhaltens, die wiederum auf der neurologischen, physiologischen und morphologischen Evolution aufbauen.

Was hat es mit der „Fitness" von Religion auf sich?

Wenn Religion nicht unbedingt nach „darwinistischen" Prinzipien evolutionär entstand, ist es dann nötig anzunehmen, dass sie einen Selektionsvorteil hat oder hatte? In der Tat ist das nicht einmal für biologische Merkmale nötig. Auch in der biologischen Evolution gibt es nicht-selektive Entstehungs- und Erhaltungsmechanismen. In der Religionswissenschaft wurde und wird kontrovers über die

10 Die formalen Bedingungen für eine Gruppenselektion bzw. für eine Selektion auf mehreren Ebenen werden diskutiert von Nowak & Highfield, 2011, 87–90.

11 Blume, 2014; Kaufmann 2010.

Frage diskutiert, ob Religion ein funktional vorteilhaftes Merkmal in der Evolution gewesen sei. Norenzayan schreibt: „Religiöse Ideen und Rituale entstanden als ein Nebenprodukt der allgemeinen kognitiven Funktionen, die der Religion evolutionär voraus gingen. Diese Kognitionen erzeugten religiöse Intuitionen."[12] Damit wird behauptet, dass diese Intuitionen ursprünglich keinen Selektionsvorteil brachten, während andere Selektionskräfte die kognitive Evolution vorantrieben. Verbreitet ist z.B. die Annahme, dass aufgrund der inneren Repräsentation von Ursache-Wirkungserfahrungen ein kognitiver Bedarf nach einer kausalen Strukturierung von Ereignissen entstand, der sich auch auf Phänomene erstreckte, die noch nicht – oder gar nicht – kausal erklärt werden konnten. Weiterhin könnte es einen Bedarf gegeben haben, Ereignisse (besonders spektakuläre und bedeutsame Ereignisse) personalen Akteuren zuzuschreiben, nämlich unsichtbaren Wesenheiten u.ä. Aber niemand kann ausschließen, dass „religiöse Intuitionen" daneben oder auch vorwiegend einen direkten Vorteil ihrer Merkmalsträger darstellten. Welcher dies gewesen sein könnte, ist Gegenstand zahlreicher Spekulationen: Rappaport geht davon aus, dass religiöse Rituale die Gemeinschaft stabilisierten, indem sie Ausbeutung und Täuschung verhinderten. Bellah erläutert, dass Religion zu einem kulturellen Werkzeug wurde, das es erlaubte, die Gesellschaft zu kritisieren und zu reformieren, in der man lebte. Blume nimmt an, dass Religion von Anfang an zuversichtliches Handeln begünstigte und weitsichtige, zukunftsorientierte Entscheidungen provozierte, indem sie eine übergreifende, universale Interpretation der Existenz ermöglichte. Gowlett, Gamble & Dunbar meinen, dass Religion weit vor der neolithischen Revolution bei Jägern und Sammlern entstand, die in Gruppen kleiner als die „Dunbar-Zahl" von 150 lebten. Obwohl sich unterhalb dieser Zahl noch alle Gruppenmitglieder persönlich kennen, sei das Aufrechterhalten positiver persönlicher Beziehungen bereits zum Problem geworden. Religion habe dem entgegengewirkt. Wunn & Grojnowski sind sich sicher, dass Religion aus dem Territorialverhalten von Stämmen der mittleren Altsteinzeit hervorging, und aus der ständig wirkenden existentiellen Angst, den Lebensraum einzubüßen. Feierman berichtet, dass Slone & Van Slyke die Evolution der Religion mit sexueller Selektion erklären.[13] Nun schließen sich alle diese Vermutungen nicht gegenseitig aus.[14] Von einer wissenschaftlich belegten Naturgeschichte der

---

12 Norenzayan, 2013, 8 (Übersetzung vom Autor).

13 Rappaport, 1990; Bellah, 2011, 268; Blume, 2014; Gowlett, Gamble & Dunbar, 2015; Wunn & Grojnowski, 2016; Slone & Van Slyke, 2016, in: Feierman, 2018.

14 Mit der o.g. Frage beschäftigt sich eine umfangreiche und unübersichtliche Literatur. Es wurden nur einige beispielhafte Antworten erwähnt. S. dazu auch Oviedo, 2017, 5–7.

Religion, wie sie schon David Hume verlangte, sind sie aber noch weit entfernt. Wenn wir sie schreiben könnten, wäre sie mit hoher Wahrscheinlichkeit sehr kompliziert, wie es Oviedo in seinen einleitenden Thesen (Kapitel I) begründet. Einfache kausale Erklärungen sind extrem unwahrscheinlich.

„Die niedere Natur rührt mit dem Höchsten in ihr an das Niederste der höheren Natur.“[15]

Lässt sich ein christliches Menschenbild mit einer nicht-reduktionistischen, aber naturalistischen Evolution von Religion verbinden? Die Antwort ist aus meiner Sicht grundsätzlich bejahend, aber nicht alle Ansätze sind hilfreich. Zum Beispiel sind die bereits erwähnten, geistesgeschichtlich gewichtigen dualistischen Modelle unrealistisch und stellen keine tragfähige Brücke zwischen Theologie und empirischer Wissenschaft dar. Denn aus einer solchen dualistischen Sicht wird häufig geschlossen, dass die leibliche, tierische, grobstoffliche Natur ein Hindernis für die eigentliche, die geistige Natur des Menschen sei, und durch Religion zu überwinden sei. Sie ist dann „Grab des Geistes“, oder ihre Erscheinungen sind Illusionen, von denen der Geist sich durch Weltverneinung zu befreien hat. Den Weg aus der Natur heraus weist aus dieser Sicht die Religion. Ihr Königsweg ist die höhere Erkenntnis bzw. das höhere Bewusstsein. Aus dem Dualismus von Materie und Geist kann allerdings auch gefolgert werden, dass die Göttlichkeit des Menschen etwas Gegebenes ist, etwas im Menschen Liegendes, sein eigentlicher Wesenskern. Das ist die in der „verborgenen Religiosität“ der gebildeten Zeitgenossen vorherrschende Form. Religion – in diesem Zusammenhang meist Spiritualität genannt – wäre dann ein Weg, die Göttlichkeit im eigenen Inneren zu entdecken, ein Weg zum göttlichen Licht in der Tiefe der Seele. Ihre Königswege sind Meditation und Mystik. Aber ist es nicht doch so, dass noch in der tiefsten Versenkung, in der Abgeschiedenheit des Meditierens (wie in allen Formen „geistigen Lebens“) doch immer nur die untrennbare Einheit von Körper, Fühlen und Denken erfahren wird? Wir bleiben auch als *Homo religiosus* die biologische Art *Homo sapiens*, in der irdische Bedürfnisse und die Sehnsucht nach dem Ewigen untrennbar verwoben sind. Thomas von Aquin schreibt: „Die niedere Natur rührt mit dem Höchsten in ihr an das Niederste der höheren Natur.“ Selbst der Scholastiker, der in Stufen des Seienden denkt, weiß dass Materie und Leib beim Einzug in eine geistige Sphäre nicht zurück gelassen werden, in der Gottesbeziehung nicht, im Glauben nicht, in der Religion schon gar nicht. Wenn man diese

15 Thomas von Aquin. Über die Wahrheit.

Anhaftung des Geistes an die Welt konsequent aufzuheben sucht, findet nichts Erfahrbares mehr, man findet Leere. Nicht das Selbst an sich ist also eine Illusion (anatman, anatta). Das Selbst als von der Welt trennbarer Wesenskern, das auf sich selbst reduzierte Selbst, ist Illusion. Das Selbst in „communio" mit der Welt, als Frucht einer langen Naturgeschichte, als Mitspieler im großen Spiel von Himmel und Erde – das ist sehr real.

Abb. 2: Höhlenmalereien, die Schamanen (Zauberer) in der Höhle Trois Frères (Südfrankreich) zeigen sind bekannte Belege für Religion in der Altsteinzeit (Magdalénien, klassische Periode nach 15 000 v. Ch.). Die bekannteste Abbildung ist die eines Mischwesens aus Mensch und Hirsch.

(Quelle: Clotte, Lewis-Williams, http://www.celtiberia.net/verimg.asp?id=534)

Die wissenschaftliche Erforschung der Naturgeschichte menschlicher Religion korrigiert allzu vergeistigte und idealistische Vorstellungen. Das religiöse Denken und Tun erscheint eingewoben in das evolutionär gewordene, körperliche, emotionale, soziale und kognitive Wesen des Menschen. Mit dem biblischen Schöpfungsglauben kann diese Sicht durchaus verbunden werden. In einer Zeit, in der sich das Menschenbild durch die Kognitions- und Neurowissenschaften, durch die KI-Forschung usw. massiv verändert, lässt sich von einer eigenständigen „Sphäre des Geistes" sowieso kaum noch seriös reden. Umso besser für den Schöpfungsglauben. So wie unser Körper und unsere Emotionen die Evolutionsgeschichte des Lebendigen dokumentieren, so dokumentiert die Religion des Menschen die Entfaltung von Gemeinschaft, Denken und Kultur in der menschlichen Vor- und Urgeschichte. Der Glaube bezeugt, dass es Gottes Geschichte ist.

Literatur

Allen, Benjamin, Martin Nowak & Edward O. Wilson, Limitations of inclusive fitness, Proc. Natl. Acad. Sci. USA 110, 2013, 20135–20139.

Barrett, Louise, S. Peter Henzi & David Lusseau, Taking sociality seriously: the structure of multi-dimensional social networks as a source of information for individuals, Phil. Trans. R. Soc. B 2012, 367, doi: 10.1098/rstb.2012.0113.

Barrett, Nathaniel F., Toward an alternative evolutionary theory of religion. Looking past computational evolutionary psychology to a wider field of possibilities, Journal of the American Academy of Religion 78 (3), 2010, 583–621.

Bellah, Robert, Religion in human evolution. From the paleolithic to the axial age, Cambridge MA 2011.

Blume, Michael, Die Amish. Ihre Geschichte, ihr Leben und ihr Erfolg, Stuttgart 2012.

Blume, Michael, Demographie und Religion. Warum es ohne Glaube an Kindern mangelt, Stuttgart 2014.

Brewer, Joe, Michele Gelfand, Joshua C. Jackson, Ian F. MacDonald, Peter N. Peregrine, Peter J. Richerson, Peter Turchin, Harvey Whitehouse & David S. Wilson, Grand challenges for the study of cultural evolution, Nature, Ecology & Evolution 1, 0070, 2017, doi: 10.1038/s41559-017-0070, www.nature.com/natecolevol.

Broom, Donald M., The biological foundations and value of religion, in: Theology meets biology, A.Reitinger & K. Müller (Hg), 2008, 37–46.

Claidière, Nicolas, Thom Scott-Phillips & Dan Sperber, How Darwinian is cultural evolution? Phil. Trans. R. Soc. B, 369 (1642), 2014, 20130368, doi.org/10.1098/rstb.2013.0368.

Clayton, Philip, Mind and emergence: From quantum to consciousness, Oxford, New York 2005.

Deacon, Terrence, Incomplete nature. How mind emerged from matter, New York 2011.

Drossel, Barbara, Komplexe Systeme, Emergenz und die Grenzen des Physikalismus, in: Seelenphänomene, U.Beuttler, M.Mühling & M.Rothgangel (Hg.), 13–34, Frankfurt/M. 2016.

Feierman, Jay, Book review of Slone, D.J. & Van Slyke, J.A. 2016, The attraction of religion. A new evolutionary psychology of religion, ESSSAT News & Reviews 28 (1), 2018, 29–39.

Fuentes, Agustin, Evolution of human behavior, Oxford, New York, 2008.

Fuentes, Agustin, Marc Kissel & Jeffrey Peterson, Semiose in der Evolution von Primaten und Menschen, in: Geschaffen nach ihrer Art, U. Beuttler, H. Hemminger, M. Mühling, M. Rothgangel (Hg.), 41–64. Frankfurt/M. 2017.

Gamble, Clive, John Gowlett & Robin Dunbar, Thinking big. How the evolution of social life shaped the human mind, New York, London 2015.

Gu, Mile, Christian Weedbrook, Alvaro Perales & Michael A. Nielsen, More really is different, Physica D 238, 2009, 835–839.

Haidle, Miriam N., Michael Bolus, Mark Collard, Nicholas J. Conard, Duilio Garofoli, Marlize Lombard, April Nowell, Claudio Tennie & Andrew Whiten, The nature of culture. An eight-grade model for the evolution and expansion of cultural capacities in hominins and other animals, Journal of Anthropological Sciences 93, 2015, 43–70. doi 10.4436/jass.93011.

Ingold, Tim, The trouble with "evolutionary biology", Anthropology Today 23 (2), 2007, 13–17.

Jablonka, Eva & Marion Lamb, Evolution in four dimensions. Genetic, epigenetic, behavioral, and symbolic variation in the history of life, Cambridge, Ma, London, 2005.

Kauffman, Stuart, Prolegomenon to a general biology, in: Debating Design. From Darwin to DNA, W.A. Dembski & M. Ruse (Hg.), 151–172, Cambridge MA 2004.

Kaufmann, Erik, Shall the religious inherit the earth? Demography and politics in the 21st century, London 2010.

Kundt, Radek, Contemporary evolutionary theories of culture and the study of religion, London, Oxford UK, New York, New Delhi, Sydney 2015.

Laughlin, Robert, David Pines, The theory of everything, Proceedings of the National Academy of Sciences 97 (1) 2000, 28–31.

Lewens, Tim, Cultural Evolution, Oxford, New York 2015.

Lorenz, Konrad, Analogy as a source of knowledge, Science 185, 1974, 229–234.

Mesoudi, Alex, Andrew Whiten & Kevin N. Laland, Towards a unified science of cultural evolution, Behavioral and Brain Sciences 29, 2006, 329–383.

Norenzayan, Ara, Big gods. How religion transformed cooperation and conflict, Princeton, Oxford 2013.

Norenzayan, Ara, Theodiversity, Annu. Rev. Psychol. 67, 2016, 465–88.

Nowak, Martin & Roger Highfield, SuperCooperators. Altruism, evolution, and why we need each other to succeed, New York 2011.

Oviedo, Lluis, Religious attitudes and prosocial behavior. A systematic review of published research, Religion, Brain & Behavior 6, 2016, 169–184.

Oviedo, Lluis, Recent scientific explanations of religious beliefs. A systematic account, in: Creditions. The Process of Believing, H.Angel, A. Runehov & Kollegen (Hg.), Dordrecht 2017, 289–318.

Oviedo, Lluis & Jay Feierman, Does religious behavior render humans special? Forthcoming in: Are we special? Human uniqueness in science and theology, M. Fuller, D. Evers, A. Runehov & K.W. Sæther (Hg), Dordrecht 2017.

Rappaport, Roy A., Ritual and religion in the making of humanity, Cambridge, U.K. 1999.

Slone, D. Jason & James A. Van Slyke (Hg.), The attraction of religion. A new evolutionary psychology of religion, New York 2016.

Spurway, Neil, Besprechung von Tim Crane, 2017, The meaning of belief: Religion from an atheist's point of view, in: ESSSAT News & Reviews 28, 3–4, 2018 27–30.

Tomasello, Michael & Amrisha Vaish, Origins of human cooperation and morality, Annual Review of Psychology 64, 2013, 231–55.

Tomasello, Michael, A natural history of human morality, Cambridge, MA & London, UK, 2016.

Wunn, Ina & Davina Grojnowski, Ancestors, territoriality, and gods. A natural history of religion, Dordrecht 2016.

Anna Beniermann

V. Religiöse Überzeugungen und die Akzeptanz der Evolutionstheorie

Abstract: The evolutionary description of humans is sometimes perceived as an insult, which represents one of several reasons for denying the evolutionary history of mankind, especially because our evolutionary origin remains a central issue for our own self-conception and worldview. The present article exemplarily presents results from an online survey on the relationship between attitudes towards evolution and different aspects of religious faith. The results show that there is less acceptance of an evolutionary origin of one's own personality, compared to the acceptance of evolution in general. Moreover, believers with traditional images of God and conceptions of God as a person show more dismissive positions toward evolution and more often perceive a conflict. Overall, the results illustrate not only reservations about the evolution of the human mind, but also show that attitudes toward evolution and their relation to religious faith are more diverse and complex than generally assumed and reported.

Akzeptanz der Evolution

Die evolutionäre Beschreibung des Menschen wurde und wird mitunter als Degradierung oder Kränkung wahrgenommen und ist auch in der heutigen Zeit noch ein Grund für eine ablehnende Einstellung zu. Die evolutionäre Geschichte der Menschheit ist daher zentral für das menschliche Selbst- und Weltverständnis (Berck und Graf 2010, Rusch 2014). In Deutschland spielt der Kreationismus, also die Ablehnung der Evolution zugunsten eines Schöpfungsglaubens, im Vergleich zu Ländern wie der Türkei oder den USA offenbar nur eine kleine Rolle. Dieser Beitrag soll einen Einblick in die Untersuchung von Einstellungen zu Evolution geben. Hierzu werden Begrifflichkeiten geklärt und Untersuchungsergebnisse dargestellt sowie exemplarisch Teile einer quantitativen Studie vorgestellt.

Einstellungen

Im Kontext dieses Beitrags wird häufig von Einstellungen die Rede sein. Der Begriff soll deshalb definiert werden. Im Kontext dieses Beitrags wird der Terminus *Einstellung* als eine persönliche Meinung oder Bewertung[1] einer Person zu einem

1 Aronson et al., 2010.

bestimmten Gegenstand bzw. Sachverhalt bezeichnet: Eine Einstellung ist demnach die „*Assoziation zwischen einem Begriff, Sachverhalt oder individuellem Gegenstand (Einstellungsobjekt) und dessen subjektiver Bewertung*".[2] Dabei bleibt zunächst unbekannt, ob die persönliche Einstellung rational, emotional, informiert, naiv oder gar nicht begründet wird. Vereinfacht gesagt, beschreibt eine Einstellung zu Evolution also, ob die persönliche Meinung einer Person zu der Frage, ob Evolution stattfindet, positiv, neutral oder negativ ist. Eine positive Einstellung zu Evolution wird im Folgenden als *Akzeptanz* bezeichnet, eine negative Einstellung als *Ablehnung*.

Evolution und Evolutionstheorie

Evolution wird im Folgenden als naturwissenschaftlicher Fakt betrachtet. Zur inhaltlichen Beschreibung des Terminus *Evolution* wird eine möglichst einfache Definition verwendet, um eine Messung von Einstellungen ohne viel biologisches Vorwissen zu ermöglichen. Angelehnt an verschiedene Kurzdefinitionen[3] wird *Evolution* als der natürliche Prozess definiert, durch den innerhalb langer Zeiträume neue Varianten und Arten als modifizierte Nachkommen aus gemeinsamen Vorfahren entstehen. Die *Evolutionstheorie* ist dementsprechend die Erklärung des Phänomens Evolution.

Viele empirische Studien, die sich mit Einstellungen zu bzw. Akzeptanz von Evolution beschäftigen, beschreiben, dass sie Einstellungen zur (oder die Akzeptanz der) Evolutionstheorie messen. Nicht selten werden dabei die Termini *Evolution* und *Evolutionstheorie* inkonsistent oder synonym verwendet.[4] Graf & Hamdorf (2011) verdeutlichten, dass auch in einer Beispielaufgabe zu PISA 2006 die Begriffe Evolution und Evolutionstheorie synonym verwendet werden, was die Aufgabe unlösbar macht. Dieses Beispiel verdeutlicht bereits, dass eine konsequente begriffliche Trennung nicht nur für die naturwissenschaftliche und wissenschaftstheoretische Bildung von großer Bedeutung ist, sondern auch für die möglichst genaue Erhebung von Einstellungen zu Evolution.

Evolution des Menschen und seines Bewusstseins

Neben der nahen Verwandtschaft zu den anderen Menschenaffen, beinhaltet eine konsequente Anwendung des evolutionären Gedankens die Einsicht, dass auch das menschliche Bewusstsein eine evolutionäre Geschichte hat. Auch das menschliche

2 Beniermann et al., 2017, 4.
3 z.B. Graf & Hamdorf, 2011; Kampourakis, 2014.
4 z.B. Athanasiou et al., 2016; Lombrozo et al., 2008.

Erkenntnisvermögen, dass es uns erst ermöglicht, über diese Umstände nachzudenken, ist ein Produkt evolutionärer Prozesse. Folgt man der Evolutionären Erkenntnistheorie, kann vor allem die Beschaffenheit des menschlichen Erkenntnisapparates Informationen über die uns umgebene Realität liefern, da dieser ein Produkt evolutionärer Anpassung ist. Diese evolutionäre Passung bringt Licht in erkenntnistheoretische Fragestellungen und erklärt bspw. die Schwierigkeit, unsere kognitiv erfahrbare Lebenswelt zu verlassen: *„Das Gehirn entwickelte sich primär als Überlebensorgan. Es wurde durch die natürliche Auslese nicht auf möglichst perfektes Erkennen der Welt hin optimiert“.*[5]

Damit rückt die Evolution hier sehr nah an das menschliche Selbstverständnis. Gleichzeitig wird diese unsere Welt- und Selbstsicht in der Regel entschieden von Kritik abgeschirmt, um ein zusammenhängendes und positives Selbstbild zu schützen.[6] Es ist daher zu vermuten, dass die Evolution des Menschen und seines Bewusstseins weniger Akzeptanz erfährt als die Evolution generell.

Religiös motivierte Positionen zu Evolution

Es gibt also mehrere Möglichkeiten einer Verhältnisbestimmung von Religion und Naturwissenschaften bzw. Evolution. In diesem Abschnitt sollen verschiedene Positionen dargestellt werden, die aus religiöser Sicht die Evolution beurteilen und sie ganz oder teilweise nicht als wissenschaftliches Faktum anerkennen. Zudem werden im Speziellen gesellschaftlich relevante Aspekte ablehnender Haltungen vorgestellt.

Kreationismus und Intelligent Design

Die Auffassung, alle Organismen seien in ihrer rezenten Form im Wesentlichen durch Eingriffe eines Schöpfergottes entstanden, wird als Kreationismus bezeichnet. Als Konsequenz wird Evolution abgelehnt und die wörtliche Auslegung der Heiligen Schriften (in westlichen Ländern insbesondere der Bibel) angenommen.[7] Kreationismus in seiner heutigen Form kann als Widerstandsbewegung gegen die Erkenntnisse der modernen Evolutionsbiologie verstanden werden.[8] In der Regel konzentriert sich die öffentliche Debatte zu Kreationismus auf die evangelikale Bewegung in Amerika. In Deutschland spielt der Kreationismus hingegen in der Gesamtbevölkerung eine vergleichsweise unbedeutende Rolle und trat erst in

5 Rusch, 2014, 111.
6 Frey, 2010.
7 Hemminger, 2009a; Kotthaus, 2003; Waschke, 2008.
8 Hemminger, 2009b, 2016; Scott, 2009.

den 1970er Jahren erkennbar in Erscheinung.[9] Es gibt im deutschen Sprachraum jedoch Gruppen, die kreationistische Positionen prominent vertreten. Darunter ist die Studiengemeinschaft Wort und Wissen e.V., die Evolutionskritik üben, die einflussreichste und bekannteste Organisation.[10]

Die Anzahl der Menschen, die sich der evangelikalen Bewegung zuordnen lassen, wird in Deutschland etwa auf 2,0[11] – 3,5 %[12] der Bevölkerung geschätzt.[13] Insgesamt fühlen sich 3,8 % der Bevölkerung dem Christentum zugehörig, über diejenigen hinaus, die Teil öffentlich-rechtlicher Religionsgemeinschaften sind.[14] Die Schnittmenge zwischen der evangelikalen Bewegung und freikirchlichen Gemeinden ist groß.[15] Die Zahl der Mitglieder von Freikirchen liegt bei etwa 1,1–2,2 % der Bevölkerung.[16] Etwa 0,3–0,4 % der deutschen Bevölkerung sind außerdem über ihre Zugehörigkeit zu einer Gemeinde in der Vereinigung Evangelischer Freikirchen (VEF) organisiert.[17] Neben dem Kreationismus der evangelikalen Bewegung und anderer sehr konservativer christlicher Kreise spielt in Deutschland zudem der islamische Kreationismus zunehmend eine Rolle.

Die Bewegung des Intelligent Design (ID) hat ihren Ursprung in der Kontroverse um den Biologieunterricht in den USA: 1987 urteilte der Oberste Gerichtshof der Vereinigten Staaten im Gerichtsverfahren „Edwards vs. Aguillard", dass das Unterrichten von Kreationismus die Religionsfreiheit verletze und daher untersagt werde. Infolge dessen wurde von kreationistischen Vertreterinnen und

---

9 Hemminger, 2016.

10 Hemminger, 2009a, 2016; Neukamm, 2009.

11 Ca. 1,7 Millionen Mitglieder der freikirchlichen und pfingstlichen Gemeinden (Elwert & Radermacher, 2017). Auch Hemminger (2016) geht von etwa 2 % Bevölkerungsanteil Evangelikaler in Deutschland aus.

12 Abweichende Schätzung auf 2,9 Millionen (Johnstone & Schirrmacher, 2003).

13 Genaue Angaben zur Anzahl der Evangelikalen in Deutschland gibt es nicht. Das liegt zum einen daran, dass evangelikale Gemeinden lokal und niederschwellig strukturiert sind, zum anderen daran, dass für eine evangelikale Lebensführung keine Mitgliedschaft notwendig ist (Elwert & Radermacher, 2017).

14 REMID, 2017a.

15 Elwert & Radermacher, 2017; Hemminger, 2016.

16 Der REMID (2017a) fasst *Freikirchen und Sondergemeinschaften* zusammen (2,2 %), während sich die Angabe der fowid (2016) auf *sonstige christliche Gemeinschaften* bezieht, in denen z.B. Mitglieder von Freikirchen, der Neuapostolischen Kirche und Zeugen Jehovas zusammengefasst werden (1,1%).

17 Hemminger, 2016; REMID, 2017a.

Vertretern anstelle eines Schöpfers von einem intelligenten Designer gesprochen, um zumindest äußerlich von einer religiösen Konnotation abrücken zu können.[18]

Die ID-Bewegung ist der Versuch einer oberflächlich wissenschaftlichen Herangehensweise an die Kontroverse um Evolution und Schöpfung. Daher sollte ID als eine pseudowissenschaftliche Form des Kreationismus bezeichnet werden. Hemminger (2007) erklärt, dass die ID-Bewegung oftmals „politisch richtig, wenn auch inhaltlich vereinfachend, dem Kreationismus *zugerechnet*" wird.[19]

Theistische Evolution

Kreationistische Ansichten sowie Positionen des IDs weisen eine teleologische Struktur auf, wobei teleologische Perspektiven nicht notwendigerweise Kreationismus nach sich ziehen müssen. Mit dem Terminus Teleologie wird eine Position beschrieben, gemäß derer natürlichen Prozessen eine Zielgerichtetheit innewohnt. Die Natur wird somit aus einer teleologischen Sichtweise von Zwecken geleitet und ist auf ein Ziel hin gerichtet, wobei das planende Subjekt häufig unbekannt bleibt. Wird ein intelligenter Schöpfer oder Designer als absolutes und zwecksetzendes Subjekt angenommen, wird aus Teleologie Theologie.[20] Teleologische Positionen können sich laut Heilig & Kany (2011) dahingehend unterscheiden, ob die Teleologie prinzipiell naturwissenschaftlich erkennbar ist (Sichtweise von Kreationismus und ID) oder nur auf einer Meta-Ebene vorhanden ist. Eine solche Meta-Teleologie geht davon aus, dass sich das planende Subjekt (z.B. Gott) Prozessen der Evolution bedient hat, die den Menschen jedoch nicht teleologisch erscheinen, um seine zugrundeliegenden Pläne zu verwirklichen. Diese überempirische Planung als Grundlage der Evolution entspricht der Position einer Theistischen Evolution. Der Geologe und Jesuit Pierre Teilhard de Chardin (1881–1955) formulierte diese Sichtweise wie folgt: „Gott macht, dass die Dinge sich machen".[21]

Empirische Befunde: Zahlen und Einflussfaktoren zur Akzeptanz der Evolution

Im Folgenden sollen verschiedene Forschungsergebnisse bzgl. Einstellungen zu Evolution dargestellt werden. Dabei wird der Fokus auf die Situation in Deutschland gelegt.

---

18 Scott, 2009.

19 Pennock, 2003; Hemminger, 2007, 40.

20 Jeßberger, 1990; Vollmer, 2005.

21 z.B. Waschke & Lammers, 2011, 516.

Einflussfaktoren

Einstellungen zu Evolution sind ein intensiv untersuchtes Feld. In zahlreichen Studien wurden Faktoren untersucht, bei denen ein Zusammenhang mit Einstellungen zu Evolution vermutet und gefunden wurde. Die einzelnen untersuchten Faktoren stammen aus verschiedenen Bereichen, so können kognitive, affektive und kontextuelle Variablen eine Rolle dabei spielen, ob Personen Evolution akzeptieren. Empirische Belege gibt es insbesondere für den negativen Zusammenhang zwischen religiöser Gläubigkeit und einer Akzeptanz der Evolution[22] und dem Vertrauen in Wissenschaft.[23] Auch zwischen den verschiedenen Konfessionen gibt es im Durchschnitt Unterschiede in der Einstellung.[24] Die Akzeptanz der Evolution war jeweils bei konfessionsfreien Probandinnen und Probanden am höchsten und bei muslimischen bzw. evangelisch-freikirchlichen (wenn diese erhoben wurde) Personen am geringsten. Katholische und evangelische Befragte unterschieden sich in diesen Studien hinsichtlich ihrer Akzeptanz der Evolution nur minimal.

Die Beziehung zwischen Wissen zu Evolution und Einstellungen zu Evolution ist vermutlich nur für Probandinnen und Probanden mit höherem Wissensstand positiv. Ohne ein gewisses Wissen zur Evolution lässt sich kein Zusammenhang zwischen diesen beiden Faktoren feststellen.[25] Zudem gibt es Hinweise darauf, dass eine positive Einstellung zu Evolution negativ mit außersinnlichen Erfahrungen, esoterischen Einstellungen und dualistischen Vorstellungen von Gehirn und Geist zusammenhängt, sowie positiv mit atheistischen, szientistischen und naturalistischen Einstellungen korreliert.[26]

Akzeptanz von Evolution in Deutschland

Für Deutschland ergeben sich aus vergleichenden Studien Zustimmungswerte von 62 %[27] bis 89 %[28] zu einer naturalistisch verstandenen Evolution. Zwischen 2 %[29] und

---

22 z.B. Beniermann, 2013, 2019; Coyne, 2012; Graf & Soran, 2010; Lammert, 2012; Lombrozo et al., 2008; Sinclair et al., 2007; Southcott & Downie, 2012; Woods & Scharmann, 2001; Dunk et al., 2017; Kim & Nehm, 2011; Rutledge & Warden, 2000; Sinatra et al., 2003.

23 z.B. Graf & Soran, 2010; Großschedl et al., 2014; Lammert, 2012.

24 Beniermann, 2013; Fenner, 2013; Lammert, 2012.

25 Beniermann, 2019; Sinatra et al., 2003.

26 Beniermann, 2019.

27 Fowid, 2005.

28 RED-Studie; Beniermann, 2019.

29 RED-Studie; Beniermann, 2019.

etwa 20 %[30] (Miller et al., 2006) stimmen laut diesen Umfragen einer kreationistischen Position zu. Damit liegt Deutschland hinsichtlich der Einstellung zu Evolution im europäischen Vergleich im Bereich der Länder mit der höchsten Akzeptanz.

Kutschera argumentierte mit Bezug auf den Artikel von Miller et al., laut dem 69 % der deutschen Bevölkerung einer naturalistischen Evolution zustimmen, dass die darin vorgestellten Ergebnisse zu optimistisch und die realen Zahlen wesentlich alarmierender seien. Anhand einer Befragung der fowid (2005) behauptet er, dass Deutschland ein Kreationismus-Problem habe.[31] Wie viele Befragungen der breiten Öffentlichkeit zum Thema Evolution besteht auch die Befragung der fowid von 2005 aus lediglich einem Single-Choice-Items, bei dem drei Antwortoptionen vorgegeben werden: *göttliche Schöpfung*, *gottgelenkte Evolution* und *naturalistisch verstandene Evolution*. Bei der naturalistisch verstandenen Evolution wird zudem explizit ein Wirken Gottes oder einer höheren Macht ausgeschlossen. Abgesehen davon, dass es wesentlich mehr mögliche Positionen zur Evolution gibt als mit diesen drei Antwortoptionen abgebildet werden kann,[32] werden hier zudem Aussagen über die Einstellung zu Evolution und Aussagen zum religiösen Glauben der Befragten vermischt. Dieses methodische Vorgehen ist aus mehreren Gründen problematisch: Das *framing* bei Befragungen ist von entscheidender Bedeutung, insbesondere bei so persönlichen Themen wie Glaube und Weltanschauung. Die Art und Weise, wie die Beziehung zwischen Evolution und Glaube dargestellt wird, kann einen deutlichen Einfluss auf die Ergebnisse der Befragung haben.[33] So kann diese Form des *framings* religiöse Probandinnen und Probanden dazu zwingen, eine der ersten beiden Antwortoptionen zu wählen, auch wenn sie nicht glauben, dass etwas Übernatürliches am Prozess der Evolution beteiligt ist (bspw. bei deistischen Positionen). Diese Form der Fragestellung erzeugt daher künstlich Evolutionsgegnerinnen und -gegner und führt zu irreführenden Ergebnissen.[34]

Aufgrund der dargestellten methodischen Schwächen der zugrundeliegenden Befragung und vor allem, da fowid (2005) sowie Kutschera Theistische Evolution und Intelligent Design gleichsetzen, ist die These eines alarmierenden Kreationismus-Problems zweifelhaft. Des Weiteren gibt es Hinweise darauf, dass die Akzeptanz der Evolution in Deutschland in den letzten 40–50 Jahren zugenommen

30 Miller et al., 2006.

31 Kutschera, 2008.

32 Pobiner, 2016.

33 Elsdon-Baker, 2015.

34 Beniermann, 2019; Elsdon-Baker, 2015; McCain & Kampourakis, 2016; Smith & Siegel, 2016.

hat.[35] Hierzu passen auch die jüngsten Ergebnisse zur Akzeptanz der Evolution aus der RED-Studie.[36] Hier wurde mit einem umfassenderen Messinstrument, bei dem auf religiöse Aussagen verzichtet und mehr als eine Frage gestellt wird, die gesamtdeutsche Bevölkerung befragt. Es resultierten wesentlich höhere Zustimmungswerte von 89 %.

Methodik

Exemplarisch sollen im Folgenden ausgewählte Ergebnisse aus der in Beniermann (2019) dargestellten *EGl-Studie* vorgestellt werden. Die Daten wurden mit Hilfe einer explorativen Online-Befragung gesammelt. Nach Bereinigung des Datensatzes blieben insgesamt 5349 Bögen zur Auswertung, von denen 4562 vollständig waren. Die Mehrheit der Befragten war männlich (58,6 %) und das Durchschnittsalter betrug 37 Jahre (12–89 Jahre). Der Link zur Befragung wurde breit gestreut und insbesondere auch an freikirchliche und muslimische Organisationen verteilt.

Einstellungen zu Evolution und zur Evolution des Bewusstseins wurden mit Hilfe der ATEVO (*Attitudes Towards EVOlution*) Skala erhoben und religiöse Gläubigkeit anhand der PERF (*PErsonal Religious Faith*) Skala (Beniermann, 2019). Zudem wurden unter anderem Vorstellungen von Gott (Gottesbilder) der Probandinnen und Probanden erfragt, indem diese aus 16 Definitionen jene auswählen, die ihrer Vorstellung von Gott oder einer höheren Macht am nächsten kommen. Alternativ konnten eigene Definitionen aufgeschrieben werden. Zusätzlich wurde das von Richard Dawkins (2008) vorgestellte *Spectrum of Theistic Probabality* eingesetzt, um auf einem Spektrum von „*Ich weiß, dass es einen Gott gibt*" bis „*Ich weiß, dass es keinen Gott gibt*" abzufragen, ob die Befragten agnostische Positionen hinsichtlich ihres Glaubens oder ihrer atheistischen Einstellungen zeigen. Außerdem wurden einige soziodemografische Daten erhoben.

Ergebnisse

In der hier beschriebenen EGl-Studie fanden sich überproportional viele sehr religiöse sowie nichtreligiös Menschen. 53,2 % stimmten der Aussage „*Ich glaube an*

---

35 Institut für Demoskopie Allensbach, 2009; WiD, 2017.
36 Beniermann, 2019.

Gott" zu, während 12,9 % sich für die Aussage *„Ich glaube an eine höhere Macht"* entschieden. Die restlichen 33,8 % glaubten an keines von beidem (*N* = 5349).

33,2 % der Befragten waren Mitglied der evangelischen Kirche und 13,8 % gehörten der römisch-katholischen Kirche an. Damit lag der Anteil der evangelischen Personen etwas über dem tatsächlichen Bevölkerungsanteil von 26,7 %. Die katholischen Probandinnen und Probanden waren im Vergleich zum Anteil in der Bevölkerung von 28,7 % jedoch stark unterrepräsentiert.[37] Mit 18,5 % waren die evangelisch freikirchlichen Befragten deutlich überrepräsentiert. Der tatsächliche Bevölkerungsanteil liegt vermutlich bei etwa 1,1–2,2 %.[38] Weitere 29,6 % der Personen gaben an, konfessionsfrei zu sein, was etwas unter der Anzahl Konfessionsfreier in der Bevölkerung liegt.[39] 2,9 % der Befragten gehörten einer muslimischen Glaubensgemeinschaft an, was knapp unter dem geschätzten Anteil von 4,4–4,9 % der Menschen mit muslimischen Glaubenszugehörigkeiten in Deutschland lag.[40]

Abb. 3: Boxplot für den Vergleich der Einstellungen zu Evolution zwischen den Konfessionen in der EGl-Studie. N = *4525. Kreise zeigen moderate, Sterne extreme Ausreißer an.*

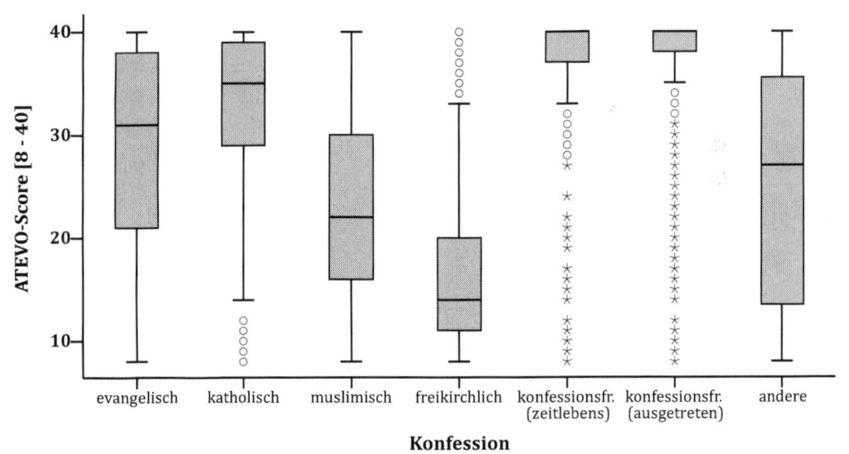

(Quelle: Beniermann, 2019.)

37 EKD, 2017; DBK, 2016.

38 fowid, 2016; REMID, 2017a.

39 fowid, 2016.

40 BAMF, 2016; fowid, 2016; REMID, 2017b.

30 % der Befragten gaben auf dem *Spectrum of Theistic Probability* an, sie würden „wissen, dass es einen Gott gibt". Auf der anderen Seite des Spektrums („*Ich weiß, dass es keinen Gott gibt*") fanden sich wesentlich weniger, aber dennoch nahezu 10 % der Probandinnen und Probanden. Mit je etwa 20 % wurden die weniger absolut formulierten Aussagen (Kategorie 2 und 6 des Spektrums, siehe Abb. 2) gewählt. Die mittleren drei Kategorien wurden mit insgesamt etwa 13 % der Befragten am seltensten gewählt.

Abb. 4: Boxplot für den Vergleich von Einstellungen zu Evolution zwischen den Kategorien des Spectrum of Theistic Probability *in der EGl-Studie.* N = *4745. 1: „Ich weiß, dass es einen Gott gibt"; 2: „Ich glaube fest an Gott, auch wenn ich nicht zu 100 % wissen kann, dass es ihn gibt"; 3: Ich bin mir unsicher, aber ich tendiere eher dazu zu glauben, dass Gott existiert"; 4: „Ich denke, eine sinnvolle Aussage über die Existenz Gottes ist nicht möglich. Deswegen bin ich unentschieden"; 5: Ich bin mir unsicher, aber ich tendiere eher dazu zu glauben, dass Gott nicht existiert"; 6: Ich glaube nicht, dass es Gott gibt, auch wenn ich es nicht sicher wissen kann"; 7: „Ich weiß, dass es keinen Gott gibt". Kreise zeigen moderate, Sterne extreme Ausreißer an.*

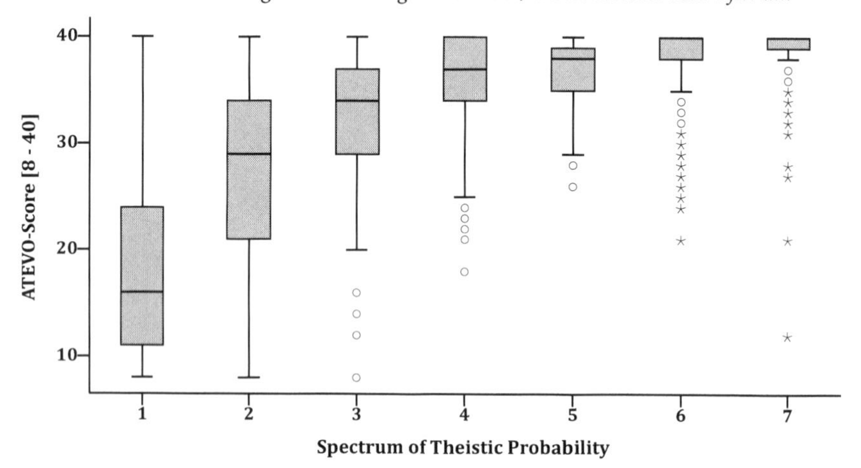

(Quelle: Beniermann, 2019.)

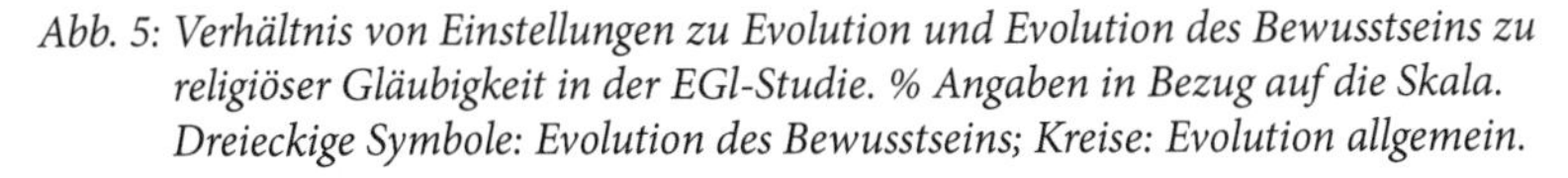

Abb. 5: Verhältnis von Einstellungen zu Evolution und Evolution des Bewusstseins zu religiöser Gläubigkeit in der EGl-Studie. % Angaben in Bezug auf die Skala. Dreieckige Symbole: Evolution des Bewusstseins; Kreise: Evolution allgemein.

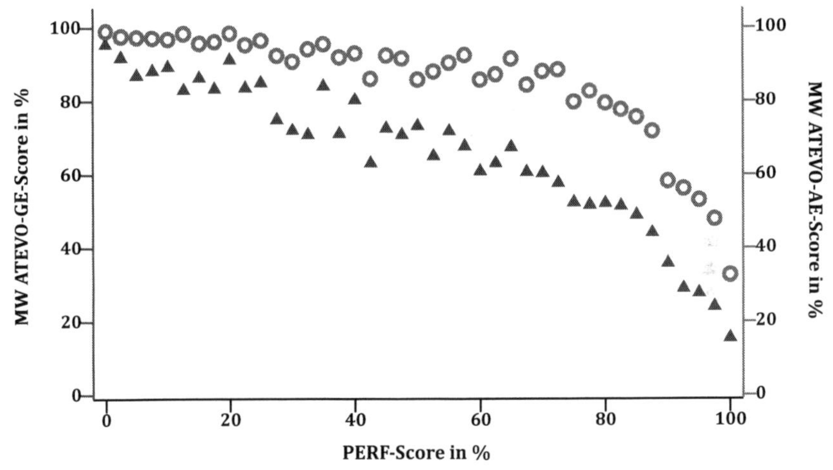

(Quelle: Beniermann, 2019.)

Gottesbilder

Unter denjenigen, die an Gott glauben, war die Vorstellung der Dreieinigkeit von Gott als Vater, Sohn und Heiliger Geist mit 76,2 % die häufigste, während diese Vorstellung nur 5,3 % derjenigen teilte, die angaben, eher an eine „höhere Macht" zu glauben als an Gott. Ähnlich verteilt waren die Verhältnisse zwischen diesen beiden Gruppen in Hinblick auf die Vorstellung, dass Gott *„wie eine Person, ein Gegenüber"* ist. Vorstellungen, die Gott als unbeschreibliche Kraft, nicht fassbare Wesenheit, Lebenshauch, oder Energie beschreiben, wurden von den Befragten, die an eine höhere Macht glauben, häufiger gewählt als von denjenigen, die an Gott glauben. Weniger traditionelle Gottesbilder hingen mit einer höheren Akzeptanz der Evolution und einer geringeren Stärke des religiösen Glaubens zusammen. Gleichzeitig zeigten Personen mit traditionellen Gottesbildern (bspw. Gott als Dreieinigkeit oder Gott als Person) in dieser Stichprobe stärker ablehnende Haltungen zu Evolution, eine stärkere religiöse Gläubigkeit sowie eine erhöhte Wahrnehmung eines Konflikts zwischen Evolution und Religion.

Akzeptanz von Evolution

Insgesamt zeigten 60,5 % der Befragten in der *EGl-Studie* eine (eher) positive Einstellung zu Evolution, während 24,8 % eine (eher) ablehnende Haltung hatten. Befragte verschiedener Konfessionen unterschieden sich teilweise stark und signifikant in ihrer Einstellung zu Evolution.[41] Die höchste Akzeptanz der Evolution fand sich bei den Konfessionsfreien. Die deutlich geringste Akzeptanz der Evolution zeigten die freikirchlichen Befragten, die im Durchschnitt eine eher ablehnende Haltung gegenüber Evolution aufwiesen (Abb. 3). Das Ergebnis für die muslimischen Befragten kann als indifferente Haltung zu Evolution angesehen werden. Der Mittelwert der evangelischen Probandinnen und Probanden lag knapp im Bereich einer eher akzeptierenden Haltung zu Evolution. Katholische Personen zeigten eine positivere Einstellung als die protestantischen.

Eine Varianzanalyse zwischen den Gruppen, die den verschiedenen Kategorien des *Spectrum of Theistic Probability* zugeordnet werden konnten, zeigte ein signifikantes Ergebnis[42] mit sehr starkem Effekt. Die Akzeptanz der Evolution war umso höher, je weiter man sich im *Spectrum of Theistic Probability* einer atheistischen Position annäherte (Abb. 4). Insgesamt zeigte sich mit $r = -0{,}793$ ein starker negativer Zusammenhang der religiösen Gläubigkeit (PERF Score) mit der Einstellung zu Evolution (ATEVO-Score).

Akzeptanz der Evolution des Bewusstseins

Vergleicht man die Ergebnisse zur Akzeptanz der Evolution mit denen zur Akzeptanz der Evolution des menschlichen Bewusstseins und trägt sie gegen die Gläubigkeit auf, wird deutlich, dass mit zunehmender Gläubigkeit die Zustimmung zu Evolution im Allgemeinen sowie zur Evolution des Bewusstseins abnahm (Abb. 5). Beide Kurven zeigen einen ähnlichen Verlauf, jedoch sinkt die Akzeptanz der Evolution des Bewusstseins kontinuierlicher ab, während die Akzeptanz der Evolution im Allgemeinen erst im letzten Viertel stark abfällt, wo die sehr gläubigen Probandinnen und Probanden zu finden sind. Insgesamt wird deutlich, dass der Evolution des menschlichen Bewusstseins über den gesamten Verlauf der religiösen Gläubigkeit weniger zugestimmt wurde als der Evolution im Allgemeinen.

---

41 $F[6, 4518] = 561{,}698$, $p < 0{,}001$, $\eta^2 = 0{,}427$.

42 $F[6, 4738] = 1326{,}363$, $p < 0{,}001$; $\eta^2 = 0{,}627$.

Diskussion

Personengruppen mit unterschiedlichen Vorstellungen von Gott wurden hinsichtlich ihrer Einstellung zu Evolution und ihrer Gläubigkeit miteinander verglichen. Ablehnende Einstellungen zu Evolution und zugleich die höchste Gläubigkeit zeigten Probandinnen und Probanden, die persönliche Gottesvorstellungen hatten. Bei abstrakteren Gottesvorstellungen traten die höchsten Akzeptanzwerte und die geringsten Werte für die religiöse Gläubigkeit auf. Personale Gottesvorstellungen gingen zudem mit einer höheren Konfliktwahrnehmung zwischen Evolution und religiösem Glauben und einer größeren Bedeutung des Glaubens für das persönliche Sozialleben einher. Bisher liegt keine vergleichbare Studie zum Zusammenhang von Gottesvorstellungen und Einstellungen zu Evolution vor. In diesem Zusammenhang interessant ist, dass Pennycook et al. (2012) beschrieben, dass weniger traditionelle Gottesvorstellungen bei religiösen Personen mit einem stärker ausgeprägten analytischen Denkstil einhergehen. Die relativ hohe Ablehnung der Evolution in der hier beschriebenen Stichprobe von 24,8 % lässt sich hauptsächlich auf die Verzerrung der Stichprobe in Bezug auf die befragten Konfessionen erklären. Zwischen den hier befragten Vertreterinnen und Vertretern verschiedener Konfessionen gab es große signifikante Unterschiede bezüglich der Akzeptanz der Evolution. Gerade die in dieser Stichprobe stark überrepräsentierten freikirchlichen Befragten zeigten ablehnende Einstellungen zur Evolution. Die Unterschiede zwischen den Konfessionen hinsichtlich ihrer Akzeptanz spiegelten größtenteils die Befunde aus bisherigen Untersuchungen wieder.[43] Auffällig ist jedoch die deutlich geringere Akzeptanz der evangelischen Probandinnen und Probanden gegenüber den katholischen Befragten, während diese beiden Gruppen sich in anderen Untersuchungen nur minimal und meistens nicht signifikant unterschieden. Hier handelt es sich vermutlich um einen Stichprobeneffekt, da der Fragebogen stärker in evangelischen Netzwerken verteilt wurde als in katholischen und hier insbesondere über Medien wie das christliche *Medienmagazin pro* oder die Website *jesus.de*, die vermutlich von eher evangelikal geprägten Protestantinnen und Protestanten konsumiert werden. Diese müssen nicht zwangsläufig Mitglied einer Freikirche sein, sondern sind zum Teil auch Mitglieder der Landeskirchen. So vermuten Elwert & Radermacher (2017), dass ein Großteil der Evangelikalen in Deutschland offiziell einer der Landeskirchen angehört und zusätzlich Verbindungen zu evangelikalen Organisationen hat. Zur Akzeptanz von muslimischen und freikirchlichen Personen in Deutschland gibt es bisher kaum vergleichende Daten. Mit Hilfe der *EGl-Studie* wurden erstmals

43 Beniermann, 2013; Fenner, 2013; Graf et al., 2009; Lammert, 2012.

gezielt und standardisiert verschiedene Konfessionen miteinander verglichen. Dabei wurde auch ersichtlich, dass die Einstellung freikirchlicher Personen im Mittel offenbar deutlich negativer ist als die Einstellung muslimischer Befragter in Deutschland.

Die dargestellten Ergebnisse zeigen wie bereits viele Studien zuvor, dass die Akzeptanz der Evolution mit zunehmender Gläubigkeit im Durchschnitt abnahm. Religiöse Positionen sind wesentlich für Änderungen in der Einstellung zur Evolution und stellen einen bei weitem besseren Prädiktor für diese Änderung dar als bspw. der Bildungsstand. Ein starker religiöser Glaube ist im Regelfall nur bei Personen, die in ein soziales Netzwerk aus weiteren sehr religiösen Personen eingebunden sind, mit kreationistischen Positionen assoziiert. Denn enge soziale Bindungen haben nicht nur eine große Bedeutung für das persönliche Selbstverständnis sowie als soziale und psychologische Unterstützung,[44] sondern auch für die Legitimierung von Meinungen und Konzepten.[45] Diese intersubjektive Verständigung über die Realität wird als *Shared Reality Theory* bezeichnet.[46] Das Zurückgreifen auf eine gemeinsame Realität erhöht zum einen die Bindung an die eigene soziale Gruppe und verringert zum anderen die Unsicherheit hinsichtlich der Umwelt. Aus diesem Grund ist ein Ausbrechen aus dem Gruppenkonsens – was die Änderung hin zu einer Akzeptanz der Evolution wäre – schwierig und kann als Gefahr für die eigene soziale Identität angesehen werden.[47]

Neben dem negativen Zusammenhang zwischen Einstellungen zu Evolution und Gläubigkeit, zeigte sich über das gesamte Gläubigkeitsspektrum zudem, dass der Evolution des menschlichen Bewusstseins weniger Akzeptanz zukam als der Evolution im Allgemeinen. So wird deutlich, dass die Akzeptanz der Evolution nicht zwangsläufig auch die Akzeptanz der Evolution des menschlichen Bewusstseins und der evolutionären Herkunft menschlichen Verhaltens umfasst. Diese Ergebnisse bestätigen die Resultate von Paz-y-Miño-C und Espinosa (2012) bezüglich des quantitativen Unterschieds in der Zustimmung zwischen Evolution im Allgemeinen und der Evolution des Bewusstseins. Dies steht im Einklang mit den Vermutungen von Rughiniş (2011) bzgl. ablehnender Haltungen zur Humanevolution. Zudem konnte anhand der vorliegenden Arbeit die These untermauert werden, dass es Menschen auch ohne religiösen Glauben mitunter schwerfällt, die evolutionäre Herkunft des menschlichen Bewusstseins zu akzeptieren, da diese

44 Hogg & Abrams, 1988; Wellman & Wortley, 1990.

45 Hill, 2014.

46 Hardin & Higgins, 1996.

47 Hill, 2014.

der *„weit verbreiteten philosophischen Intuition [widerspricht], dem menschlichen Geist einen irgendwie gearteten Sonderstatus zuzuweisen“*.[48]

Literatur

Aronson, E., R.M. Akert & T.D. Wilson, Sozialpsychologie, Hallbergmoos 2010.

Athanasiou, K., E. Katakos & Papadopoulou, P., Acceptance of evolution as one of the factors structuring the conceptual ecology of the evolution theory of Greek secondary school teachers, Evolution: Education and Outreach 9(7), 2016.

BAMF, Wie viele Muslime leben in Deutschland? Eine Hochrechnung über die Anzahl der Muslime in Deutschland zum Stand. 31. Dezember 2015, 2016.

Beniermann, A., Zur Akzeptanz der Evolutionstheorie unter Berücksichtigung des Verständnisses von Evolution und empirischer Wissenschaft, von Gläubigkeit sowie paranormalen Überzeugungen – Eine Fragebogenstudie unter Erstsemester-Studierenden der Universität Oldenburg, Masterarbeit, Carl-von-Ossietzky-Universität, Oldenburg 2013.

Beniermann, A., J.S. Brennecke, K. Greiten, E. Hamdorf, J. Roth, A. Spitzner & D. Graf, GiTax – Gießener Taxonomie. Begriffe für die biologiedidaktische Forschung. Institut für Biologiedidaktik, Justus-Liebig-Universität Gießen, 2017. Online verfügbar unter: https://www.uni-giessen.de/fbz/fb08/Inst/biologiedidaktik/dateien/gitax/ [Letzter Zugriff: 25.12.2017]

Beniermann, A., Evolution – von Akzeptanz und Zweifeln. Empirische Studien über Einstellungen zu Evolution und Bewusstsein, Wiesbaden 2019.

Berck, K.-H. & D. Graf, D., Biologiedidaktik: Grundlagen und Methoden, [4]Wiebelsheim 2010.

Coyne, J.A., Science, Religion, and Society. The Problem of Evolution in America, Evolution 66(8), 2012, 2654–2663.

Dawkins, R., Der Gotteswahn, Berlin 2008.

DBK, Katholische Kirche in Deutschland. Statistische Daten, 2016.

Dunk, R.D.P., A.J. Petto, R.J. Wiles, B.C. Campbell, A multifactorial analysis of acceptance of evolution, Evolution: Education and Outreach 10(4), 2017.

EKD, Zahlen und Fakten zum kirchlichen Leben, 2017.

Elsdon-Baker, F., Creating creationists. The influence of ‘issues framing’ on our understanding of public perceptions of clash narratives between evolutionary science and belief, Public Understanding of Science 24(4), 2015, 422–439.

48 Voland, 2010, 30.

Elwert, F. & M. Radermacher, Evangelikalismus in Europa, in: Schlamelcher, J. (Hg.), Handbuch Evangelikalismus, Bielefeld. 2017, 173–188.

Fenner, A., Schülervorstellungen zur Evolutionstheorie. Konzeption und Evaluation von Unterricht zur Anpassung durch Selektion, Dissertation, Justus-Liebig-Universität Gießen, 2013.

fowid, Evolution und Kreationismus, 2005.

fowid, Religionszugehörigkeiten in Deutschland 2015, 2016.

Frey, U.J., Modern illusions of humankind, in: Frey, U.J., C. Störmer & K.P. Willführ, K.P. (Hg.), Homo novus. A human without illusions, The frontiers collection, Berlin/Heidelberg 2010, 263–288.

Graf, D. & E. Hamdorf, Evolution. Verbreitete Fehlvorstellungen zu einem zentralen Thema, in: Dreesmann, D., D. Graf & K. Witte (Hg), Evolutionsbiologie. Moderne Themen für den Unterricht, Berlin/Heidelberg 2011, 25–41.

Graf, D., T. Richter & K. Witte, Einstellungen und Vorstellungen von Lehramtsstudierenden zur Evolution, in: Harms, U. et al. (Hg.), Heterogenität erfassen – individuell fördern im Biologieunterricht, Kiel 2009.

Graf, D. & H. Soran, Einstellung und Wissen von Lehramtsstudierenden zur Evolution. Ein Vergleich zwischen Deutschland und der Türkei, in: Graf, D. (Hg), Evolutionstheorie. Akzeptanz und Vermittlung im europäischen Vergleich, Berlin/Heidelberg 2010, 141–161.

Großschedl, J., C. Konnemann & N. Basel, Pre-service biology teachers' acceptance of evolutionary theory and their preference for its teaching, Evolution: Education and Outreach 7(1), 2014, 18.

Hardin, C.D. & E.T. Higgins, Shared reality. How social verification makes the subjective objective, in: Sorrentino, R. M. & E.T. Higgins (Hg.), Handbook of motivation and cognition, New York 1996, 28–84.

Heilig, C. & J. Kany, Die Ursprungsfrage. Beiträge zum Status teleologischer Antwortversuche in der Naturwissenschaft, Münster 2011.

Hemminger, H., Mit der Bibel gegen Evolution. Kreationismus und "intelligentes Design" kritisch betrachtet, EZW-Texte, Berlin 2007.

Hemminger, H., Und Gott schuf Darwins Welt. Schöpfung und Evolution, Kreationismus und Intelligentes Design, Gießen 2009a.

Hemminger, H., Die Geschichte des neuzeitlichen Kreationismus. Von "creation science" zur Intelligent-Design-Bewegung, in: Neukamm, M. (Hg.). Evolution im Fadenkreuz des Kreationismus. Darwins religiöse Gegner und ihre Argumentation, Göttingen. 2009B, 15–36.

Hemminger, H., Evangelikal. Von Gotteskindern und Rechthabern, Gießen 2016.

Hill, J.P., Rejecting evolution. The role of religion, education, and social networks, Journal for the Scientific Study of Religion 53(3), 2014, 575–594.

Hogg, M. & D. Abrams, D., Social identifications, New York 1988.

Institut für Demoskopie Allensbach, Weitläufig verwandt. Die Meisten glauben inzwischen an einen gemeinsamen Vorfahren von Mensch und Affe, Allensbacher Berichte (5), 2009.

Jeßberger, R., Kreationismus. Kritik des modernen Antievolutionismus, Berlin/ Hamburg 1990.

Johnstone, P. & T. Schirrmacher, Gebet für die Welt. Das einzigartige Handbuch. Umfassende Informationen zu über 200 Ländern, Holzgerlingen 2003.

Kampourakis, K., Understanding evolution, Cambridge/New York 2014.

Kim, S.Y. & R.H. Nehm, A cross-cultural comparison of Korean and American science teachers' views of evolution and the nature of science, International Journal of Science Education 33(2), 2011, 197–227.

Kotthaus, J., Propheten des Aberglaubens. Der deutsche Kreationismus zwischen Mystizismus und Pseudowissenschaft, Münster 2003.

Kutschera, U., Creationism in Germany and its possible cause, Evolution: Education and Outreach 1(1), 2008, 84–86.

Lammert, N., Akzeptanz, Vorstellungen und Wissen von Schülerinnen und Schülern der Sekundarstufe I zu Evolution und Wissenschaft, Dissertation, Technische Universität Dortmund 2012.

Lombrozo, T., A. Thanukos & M. Weisberg, The importance of understanding the nature of science for accepting evolution, Evolution: Education and Outreach 1(3), 2008, 290–298.

McCain, K. & K. Kampourakis, K., Which question do polls about evolution and belief really ask, and why does it matter? Public Understanding of Science, 2016, 0963662516642726.

Miller, J.D., E.C. Scott & S. Okamoto, Public acceptance of evolution, Science 313(5788), 2006, 765–766.

Neukamm, M., Evolution im Fadenkreuz des Kreationismus. Darwins religiöse Gegner und ihre Argumentation, Göttingen 2009.

Paz-y-Miño-C, G. & A. Espinosa, Educators of prospective teachers hesitate to embrace evolution due to deficient understanding of science/evolution and high religiosity, Evolution: Education and Outreach 5(1), 2012, 139–162.

Pennock, R.T., Creationism and Intelligent Design, Annual Review of Genomics and Human Genetics 4(1), 2003, 143–163.

Pennycook, G., J.A. Cheyne, P. Seli, D.J. Koehler & J.A. Fugelsang, Analytic cognitive style predicts religious and paranormal belief, Cognition 123(3), 2012, 335–346.

Pobiner, B., Accepting, understanding, teaching, and learning (human) evolution. Obstacles and opportunities, American Journal of Physical Anthropology 159, 2016, 232–274.

REMID, Mitgliederzahlen: Protestantismus, 2017a.

REMID, Rundbrief, 2017b.

Rughiniş, C., A lucky answer to a fair question. Conceptual, methodological, and moral implications of including items on human evolution in scientific literacy surveys, Science Communication 33(4), 2011, 501–532.

Rusch, H., Naturalistische Zumutungen, Aufklärung und Kritik 2014(1), 2014, 103–122.

Rutledge, M.L. & M.A. Warden, Evolutionary theory, the nature of science & high school biology teachers: critical relationships, The American Biology Teacher 62(1), 2000, 23–31.

Scott, E.C., 2009. Evolution vs. Creationism, [2]Berkeley 2009.

Sinatra, G.M., S.A. Southerland, F. McConaughy & J.W. Demastes, Intentions and beliefs in students' understanding and acceptance of biological evolution, Journal of Research in Science Teaching 40(5),2003, 510–528.

Sinclair, A., M.P. Pendarvis & B. Baldwin, The relationship between college zoology students' beliefs about evolutionary theory and religion, Journal of research and development in education 30(2), 2007, 118–125.

Smith, M.U. & H. Siegel, On the relationship between belief and acceptance of evolution as goals of evolution education, Science & Education 25(5–6), 2016, 473–496.

Southcott, R. & J.R. Downie, J.R, Evolution and religion. Attitudes of Scottish bioscience students to the teaching of evolutionary biology, Evolution: Education and Outreach 5(2), 2012, 301–311.

Voland, E., Die Evolution der Religiosität. Hat Gott Naturgeschichte? Biologie in unserer Zeit 40(1), 2010, 29–35.

Vollmer, G., Teleologie – Teleonomie, in: Freudig, D. (Hg.), Faszination Biologie. Von Aristoteles bis zum Zebrafisch, München 2005, 330–333.

Waschke, T., Moderne Evolutionsgegner. Kreationismus und Intelligentes Design, in: Antweiler C., C. Lammers & N. Thies N. (Hg.), Die unerschöpfte Theorie, Aschaffenburg, 2008, 75–97.

Waschke, T. & C. Lammers, Evolutionstheorie im Biologieunterricht – (k)ein Thema wie jedes andere? in: Dreesmann, D., D. Graf & K. Witte (Hg.),

Evolutionsbiologie. Moderne Themen für den Unterricht, München 2011, 505–534.

Wellman, B. & S. Wortley, S., Different strokes from different folks. Community ties and social support, American Journal of Sociology 96(3), 1990, 558–588.

WiD, Wissenschaftsbarometer 2017, 2017.

Woods, C.S. & L.C. Scharmann, L.C., High school students' perceptions of evolutionary theory, Electronic Journal of Science Education 6(2), 2001, 1–21.

Markus Mühling

VI. „… damit keiner verstehe die Sprache des Anderen" – Missverständnisse im Dialog zwischen Naturwissenschaft und Theologie bei evolutionsbiologischen Erklärungsversuchen von „Religion"

Abstract: In this article, Mühling analyses non-theological approaches to religion that claim to use methods developed by the natural sciences such as neurotheology, CSR, biosemiotics and others. From a theological perspective, the problem is that most of these approaches have to define which kind of phenomenon ‚religion' is in contrast to other phenomena of the life-world. However, theologically, ‚religion' is a meaningless term compared to other terms like ‚faith' or ‚piety'. These do not refer to specific phenomena, but concern a dimension of all possible phenomena. Applied to ‚religion', this means that "religion" does not denote a distinguishable phenomenon either. The consequence is that approaches within the natural sciences do not deal with the same object theologians refer to when they use the term religion. As a conciliatory suggestion, at the end Mühling introduces an understanding of ‚religion' that can be traced back to Lactantius, where it is derived from re-ligare, meaning a kind of perception of any phenomena that offers a "re-binding to reality". Being religious than means an inseparability of curiosity and care, whereas religionlessness means negligence.

Einige naturwissenschaftliche Erklärungen von Religion

Wenn sich naturwissenschaftlich inspirierte Forschung mit der Evolution von Religion beschäftigt, dann kann man gegenwärtig mindestens drei Typen von Herangehensweisen erkennen:

Neurotheologie

Der erste Typus der sog. Neurotheologie, die eigentlich nur von D'Aquili und Newberg betrieben wird, hatte-zunächst nur gefragt, ob sich und ggf. wie sich der zerebrale Blutfluss während des Betens von katholischen Nonnen und des Meditierens von buddhistischen Mönchen veränderte. Daraus erwuchsen eine Reihe von Studien, die alle das Ziel hatten, zu zeigen, dass während des Gebets bzw. der Meditation eine außergewöhnliche Hirnaktivität nachweisbar ist.[1] Damit aber nicht genug. Insbesondere Newberg erhebt einen deutlich höheren Anspruch in seinen *Principles of Neurotheology*: Hier fordert er, dass die Neurotheologie als Rahmenwissenschaft für die Theologie fungieren solle, also als Metatheologie, die somit normativ für Theologie werde, indem sie zugleich eine Megatheologie sei.[2] Der Anspruch Newbergs ist eigentlich ein ganz einfacher, aber gleichzeitig ein sehr großer: Zunächst werden als Ziele der Neurotheologie formuliert, a) das Verständnis des menschlichen Geistes und Gehirns, b) das Verständnis von Religion und Theologie, c) die *human condition*, insbesondere Gesundheit und Wohlergehen, und d) Religion und Spiritualität zu *verbessern*.[3] Newberg nimmt eine je dreifache Korrelation von insgesamt neun möglichen Bewusstseinszuständen vor. Die Korrelation besteht dabei jeweils zwischen Bewusstseinszuständen, Gehirnaktivität und der Wirklichkeit. Die ersten sechs Bewusstseinszustände haben gemeinsam, dass in ihnen eine Pluralität von Gegenständen wahrgenommen wird. Ihnen ist auf der Seite der Gehirnaktivität eine Reihe von bekannten Gehirnaktivitäten korreliert. Auf der Seite der Realität ist ihnen das korreliert, was Newberg *baseline-reality* nennt. Die letzten drei Bewusstseinszustände sind durch ein Einheitsbewusstsein gekennzeichnet, in dem Differenzen zwischen Gegenständen wie auch Beziehungen verschwinden, einschließlich der Selbstempfindung, der Zeitempfindung und der Raumempfindung.[4] Auf der Gehirnseite entspricht auch diesen Zuständen eine bestimmte Form von Gehirnaktivität. Das Wichtige ist aber, dass dem auf der Realitätsseite das entpricht, was Newberg *unitary reality* nennt.[5] Newberg fragt dann:

> „Is it possible that each epistemic state does in fact reflect some aspect of actual reality? In such a case, each epistemic state provides valuable information about the nature of actual reality, but each leaves the experiencer with an incomplete view of reality."[6]

Die letzten Worte von Newbergs *Principles of Neurotheology* lauten dann auch:

> „While other theological, philosophical, and scientific approaches have also tried to address these ‚big' questions, it would seem that neurotheology has a unique perspective.

1 Vgl. Newberg et al., Blood Flow, 2001; Newberg et al., Biology of Belief, 2001; Newberg et al., Glaube im Gehirn, 2003; Newberg et al., Glossolalia, 2006; Newberg et al. Consciousness and Cognition, 2010.
2 Vgl. Newberg, Principles of Neurotheology, 2010.
3 Newberg, Principles of Neurotheology, Pos. 298.
4 Vgl. Newberg, Principles of Neurotheology, 3701.
5 Vgl. Newberg, Principles of Neurotheology, Pos. 3594.
6 Newberg, Principles of Neurotheology, Pos. 3747.

> It is one of the only disciplines that necessarily seeks to integrate science and theology […]. The foundations and principles as elaborated in this *Principia* are designed to start neurotheology on a path of discovery that will enable a new perspective and propel scholars, and hopefully all of humanity, towards a new enlightenment.“[7]

Aus dem Reigen der vielfältigen naturwissenschaftlichen, philosophischen und theologischen Kritiken,[8] möchte ich hier nur auf einen wichtigen Sachverhalt hinweisen:

Newberg nimmt als Paradigma des Religiösen die *außergewöhnliche* Erfahrung, konkret die mystische Einheitserfahrung. Alles andere ist nicht von eigentlicher religiöser Dignität. Er weist diesen Einheitserfahrungen eine bestimmte Hirnaktivität zu und fragt, ob ihr eine Realität entspricht. Ob das der Fall ist, oder nicht, lässt sich naturwissenschaftlich nicht feststellen, weil Naturwissenschaft immer im Modus der Gehirnzustände der *baseline reality* funktioniert. Newbergs Hoffnung, Naturwissenschaft und Theologie zu integrieren, ist daher in Wirklichkeit die Hoffnung, Naturwissenschaft und Mystik zu integrieren. Newberg sympathisiert unverhohlen damit, dass die *unitary reality* die wirkliche Realität ist, während die *baseline-reality* zwar wichtig, aber dennoch defizitär zu sein scheint.

Wichtig für uns ist, dass Newberg, bevor er sich mit nur irgendeinem naturwissenschaftlichen Experiment beschäftigen kann, *a priori* definiert, was Religion im Wesentlichen ist: Das Erleben von außergewöhnlichen Einheitserfahrungen. Alles andere in der Welt der Religionen ist nur Beiwerk.

CSR

Weit verbreiteter und von wesentlich mehr Forschern betrieben ist das, was man CSR nennen kann, *Cognitive Study of Religion*. Zu den bekanntesten Namen gehören hier Pascal Boyer and Justin Barrett.[9] Boyer geht davon aus, dass unser Gehirn aus evolutionären Gründen so *hard-wired* ist, dass es immer mit den Kategorien Person, Lebewesen, Pflanze und Objekt arbeiten muss. Diese können noch einmal zweigeteilt werden: Personen und Lebewesen sind *agents*, Pflanzen und Objekte hingegen nicht. Das Handeln von *agents* kann dann teleologisch erklärt werden, dass von *non-agents* nicht.[10] Boyer sieht nun, dass es keine einheitliche Definition von Religion gibt. Aber nach ihm benötigt man diese auch gar nicht,

---

7 Newberg, Principles of Neurotheology, Pos. 3761.

8 Vgl. die Diskussionen, die Runehov, Sacral or Neural? 2007, bietet.

9 Vgl. Boyer, Religion Explained. 2001; Boyer, Religious thought, 2003; Barrett et al., Anthropomorphism, 1996; Barrett, Believe in God?, 2004.

10 Vgl. Boyer, Religion Explained, 2001, 60f, 95f.

da er meint, in allen Religionen würden nicht-materiell Handelnde – also übernatürlich Handelnde – angenommen.[11] Damit aber ist religiöses Denken parasitär zum normalen Denken mit den üblichen Kategorien von Handelnden und nicht-Handelnden. Und damit lässt es sich als evolutionäres Nebenprodukt erklären: Barrett geht davon aus, dass unser Gehirn ein HADD besitzt – ein *hyperactive agency detection device* – oder mit anderen Worten:[12] Wo und wann immer wir etwas wahrnehmen – Geräusche, Gerüche, haptische Eindrücke, etc. – tendieren wir, sie eher Handelnden als nicht-Handelnden als Urheber zuzuschreiben. Das verspricht schlicht Überlebensvorteile, weil das Verhalten von Handelnden komplexer ist als das von nicht-Handelnden. Wenn man erfolgreich auf eine Umwelt reagieren will, ist es also zweckmäßig und vorteilhaft, eher komplexe durch Handelnde inaugurierte Prozesse anzunehmen, die auch Überraschungen und feindliche Handlungen kennen, als sture kausale Prozesse.

Auch der CSR-Approach hat eine eingehende theologische Kritik erfahren.[13] Diese braucht uns hier im Einzelnen nicht zu interessieren. Wichtig ist vielmehr: Hier wird ebenfalls, wie bei der Neurotheologie, noch vor jedem naturwissenschaftlichen Experiment oder jeder naturalistischen Erklärung festgesetzt, was Religion sein soll. Interessant ist dabei, dass hier nicht, wie bei der Neurotheologie, außergewöhnliche Erfahrungen, sondern gerade alltägliche Erfahrungen als Ausgangsbasis genommen werden – und zwar solche, die es mit der Erfahrung von Handelnden zu tun haben. Während Newbergs Gott die apersonale mystische Einheit ist, sind die CSR-Götter theistisch-anthropomorph gestrickt: Es sind unkörperliche Personen. Gemeinsam ist beiden dabei, dass jeweils ein bestimmter Erfahrungsbereich aus allen anderen möglichen Erfahrungsbereichen ausgesondert wird, um festzulegen, was unter Religion zu verstehen ist. Religion hat es also nach beiden Ansätzen mit *besonderen* Phänomenen zu tun. Dass das so ist, ist auch kein Wunder: Denn was kein besonderes Phänomen ist, was sich also nicht von anderen raumzeitlich erscheinenden Phänomenen abgrenzen lässt, kann auch nicht naturwissenschaftlich untersucht werden.

Der biosemiotische Ansatz

Ein anderer, noch neuerer Ansatz unterscheidet sich genau darin: Man versucht gerade nicht, Religion als besondere Provinz im Gemüte oder in der Erfahrung zu verstehen, sondern als eine Dimension, die mit der Entwicklung von allen

11 Vgl. Visala, Human Mind, 2008, 117f.
12 Barrett, Believe in God?, 2004, 31–44.
13 Vgl. Visala, Theism, 2011.

semiotischen Fähigkeiten und von Sprache einhergeht bzw. genauer mit dem, was Peirce das Symbolische genannt hatte. Bei einem *Symbol* beruht die Zeichenbildung weder auf qualitativer Ähnlichkeit noch auf einem direkten Ereigniszusammenhang, sondern auf einer Regel, die angewandt und insofern gekannt werden muss, um das Zeichen überhaupt als Zeichen zu verstehen. Das Wort „Tastatur“ hat keine Ähnlichkeit mit einer Tastatur und es besteht auch kein unmittelbarer Ereigniszusammenhang zwischen Tastaturen und dem Wort „Tastatur“. Man muss also die Vokabeln und die Grammatik der deutschen Sprache verstehen – den Zusammenhang der Zeichen, in den das Wort „Tastatur“ eingebettet ist –, um verstehen zu können, dass es sich um ein Zeichen handelt und um welches Zeichen es sich handelt. Symbolische Zeichen erfordern daher eine Zeichenkultur. Und die meisten unserer sprachlichen Ausdrücke sind solche symbolischen Zeichen. Die Entwicklung von symbolischen Zeichen in der Evolutionsgeschichte erlaubt es ganze symbolische Systeme und Praktiken hervorzubringen, die gerade keine unmittelbare Funktion der Adaption an eine Umwelt haben, wie Spiel, Kunst und religiöse Riten. Die darauf beruhenden kulturellen Praktiken setzen nun eine weitere kulturelle Evolution in Gang, die das eigentlich Menschliche ausmacht.[14]

Wie der neurotheologische und wie der CSR-Ansatz kann auch der biosemiotische Ansatz erklären, warum es in der Evolution des Menschen zur Religion kommen musste. Was ihn aber unterscheidet, ist, dass Religion nicht mehr mit einem bestimmten, klar abzugrenzenden Phänomenbereich identifiziert wird, sondern zu einer Dimension wird, die immer dann erscheint, wo in der Evolution die Fähigkeit zu spezifisch symbolischer Interaktion auftaucht, welche zumindest ein hinreichend komplexes Niveau erreicht. Problematisch am biosemiotischen Ansatz ist, dass sich nun das Religiöse nicht mehr vom Spiel, der Kunst und anderen kulturellen Praktiken unterscheiden lässt.

Weitere Ansätze

Als Beispiele könnten noch andere Ansätze genannt werden. Dominic Johnson hat so jüngst versucht, Religion funktionalistisch als Stütze der menschlichen Moral mit Verweis auf Furcht vor einem allwissenden, also auch das eigene Selbstbewusstsein kennenden, theistischen Gott zu erklären.[15] Problematisch ist hier, dass nur äußerst rudimentäre Vorstellungen der Religionen über „Gott“ genutzt werden, dass die Gotteslehren der Religionen nicht ernst genommen und geradezu gegen den Strich gebürstet werden sowie dass der Anspruch der meisten

---

14 Vgl. z.B. Fuentes et al., Human Being, 2014.

15 Vgl. Johnson, God is Watching, 2016.

Glaubensformen der Nicht-Funktionalisierbarkeit des je eigenen Glaubens nicht anerkannt wird.

Aber auch Ansätze, die von theologischer Seite aus den Schulterschluss herstellen, sind kritisch zu bewerten. So hat Sarah Coakley versucht, Martin Nowak's spieltheoretische Begründung von altruistischem Verhalten als proto-soteriologisches Proto-Opfer zu verstehen.[16] Auch hier wird letztlich das Christusereignis in seiner soteriologischen Bedeutung nicht ernst genommen, weil es in einer (wenn auch gesteigerten) Kontinuität zum funktionalistischen Religionsverständnis steht.

Wir brechen die Übersicht hier ab. Die anderen Beiträge berichten detailliert über diese und andere Erklärungsversuche von Religion.

Von „Religion" zum Christlichen Glauben

Die Frage, was denn „Religion" überhaupt sei, ist eine spezifisch moderne und postmoderne Frage, also eine Frage der Neuzeit, die zahlreiche Theologen, Philosophen und Religionswissenschaftler endlos beschäftigt hat – ohne überhaupt zu einer einigermaßen brauchbaren Antwort zu kommen. Es wäre reizvoll, all die Schwierigkeiten zu benennen, die sich mit der Verwendung dieses Terminus, gerade wie er auch umgangssprachlich genutzt zu werden scheint, verbinden. Aber das wäre Thema eines anderen Aufsatzes. Jedenfalls überrascht es angesichts dieser Schwierigkeiten nicht, dass es derart viele, nicht zu vereinheitlichende Definitionsversuche von „Religion" oder „Religiosität" gibt[17] und dass sich die Religionswissenschaft bis heute nicht auf eine nur einigermaßen plausible Definition ihres Gegenstands einigen konnte, so dass man vorgeschlagen hat, auf den Terminus „Religion" ganz zu verzichten; und zwar entweder mit der Implikation, die Religionswissenschaft brauche gar keinen einheitlichen Gegenstand,[18] oder it der Konsequenz, ihre Viabilität erledige sich mit der Unmöglichkeit einer Religionsdefinition.[19]

Genau das Fehlen eines sinnvollen Religionsbegriffs ist aber ein Problem für unsere Fragestellung: Denn offensichtlich beschäftigen sich ja die drei genannten naturalistischen Erklärungsversuche zwar irgendwie mit Religion, aber deutlich

---

16 Vgl. Coakley, 2012; Nowack et al. Games, 2013.

17 Vgl. z.B. Pollack, Was ist Religion?, 1995; Krech, Wo bleibt die Religion?, 2011; Bergunder, Was ist Religion?, 2011.

18 Vgl. Bergunder, Was ist Religion?, 2011, 13f.

19 Vgl. Bergunder, M., Was ist Religion?, 2011, 14–16; Herms, Wesen des Christentums, 2017, 78.

ist auch, dass sie jeweils *etwas ganz anderes* untersuchen, was jeweils nichts miteinander gemeinsam hat. Wenn man also diese Ansätze untersuchen will, dann benötigt man offensichtlich irgend einen Begriff von Religion. Aber derer sind Legion und keiner ist allgemein akzeptiert.

Dennoch ist die Lage nicht so vertrackt, wie sie scheinen kann: Denn wir wollen ja eine theologische Betrachtung vornehmen. Und eine solche ist immer an den christlichen Glauben gebunden: Und dann zeigt sich: Das Wort „Religion“ gehört überhaupt nicht zur religiösen Sprache, wenigstens nicht so, wie es heute gebraucht wird – etwas, das „Religion“ übrigens mit „dem Heiligen“ gemein hat: In der Welt des Christentums, ja vermutlich in der Welt der Religionen überhaupt, kommt „Religion“ oder das „Religiöse“ nicht vor. Was hingegen entscheidend ist, ist ein anderes Phänomen: Glaube. Und Glaube ist theologisch gut erforscht. Man kann sehr genau sagen, was Glaube sinnvollerweise ist und was er sinnvollerweise nicht ist. In reformatorischer Tradition ist Glaube formal primär *fiducia*, Vertrauen, das *notia*, Kenntnis, und *assensus*, Zustimmung, einschließt. Inhaltlich ist es ein Ergreifen – oder besser Ergriffen-werden – von Jesus Christus. Um dies nun zu explizieren, wären lange Ausflüge in die Theologiegeschichte nötig. Ich lasse diese kurzerhand weg, und versuche zu erklären, was das für die Gegenwart bedeutet:

> *Glaube ist eine Weise des Wahrwertnehmens oder eine Weglinienperspektive, in der die Wirklichkeit im Lichte des Evangeliums wahrwertgenommen wird, bzw. in der die dreieinige Selbstpräsentation Gottes erfahren wird, indem unsere Selbst- und Welterfahrung in vermittelter Unmittelbarkeit in wirklichkeitsräsonierender Weise stattfindet.*

Dieser Satz ist nicht ganz einfach zu verstehen. Ich bräuchte auch eine eigene Monographie, um ihn vollständig erklären zu können. Daher nur einige Hinweise:

1. Glaube ist keine Interpretation von etwas, das vorgegeben ist und das auch unabhängig vom Glauben existieren würde. In jeder Wahrnehmung nehmen wir immer *unmittelbar* eine Einheit von Fakt und Wert wahr: Wir nehmen z.B. nie ein neutrales Licht wahr, sondern eines, das uns blendet, das schmerzt und unangenehm ist, oder eines, das uns ein sonniges Gemüt vermittelt, oder eines das uns lesen lässt. Wenn der Naturwissenschaftler Fakt und Wert auseinander reißt und reißen muss, dann beruht *diese Trennung* auf einer Interpretation – nicht umgekehrt. Wenn Sie also beispielsweise spazieren gehen, und Sie sehen, dass sich ein Hund von einem Mitspaziergänger losreißt, zähnefletschend und bellend auf Sie zuspringt, dann nehmen Sie hoffentlich unmittelbar einen *bösen Hund* wahr – damit Sie unmittelbar in einem Respons reagieren und Reißaus nehmen. Erst durch sekundäre, operationable Reflektion – wenn Sie in Sicherheit sind – können Sie „Hund“ und „Bosheit“ trennen. Daher ist jedes Wahrnehmen zugleich immer ein Wertnehmen und umgekehrt. Natürlich ist nicht

alles Wahrwertnehmen den Situationen angemessen. Auf nicht angemessenen Wahrwertnehmungen beruhen ganze Tragödien – aber auch Humoresken.
2. Jedes Wahrwertnehmen ist aber nicht nur unmittelbar, sondern es handelt sich um eine *vermittelte* Unmittelbarkeit. Das Medium ist unsere Geschichte, unsere *story*, in der wir wahrwertnehmen: Das sind unsere eigene Lebensgeschichte und die Geschichten der Gemeinschaften, in denen wir aufgewachsen sind. All diese Geschichten sind nicht neutral, sondern von verschiedenen *metastories* geprägt: Wenn unser Wahrwertnehmen durch das Evangelium vermittelt ist – wenn wir also im Lichte des Evangeliums wahrwertnehmen –, dann ist das *Glaube*. Wenn Sie also ihre eigene Lebensgeschichte und die Geschichte unserer Kultur und Natur als Teilgeschichte des Evangeliums verstehen, dann ist das Glaube. Wenn Sie anerkennen, dass das Evangelium der Kanon der Wahrheit über alle Teilgeschichten ist, dann ist das Glaube.
3. Das Christentum beansprucht nicht nur, eine Bildung des Wahrwertnehmens zu ermöglichen, die dem wirklichen Geschehen gegenüber angemessen ist, sondern auch zu erklären, warum dies so ist. Und das zu explizieren, ist die Aufgabe der Theologie: Theologie expliziert traditionell die Wahrheitsansprüche des christlichen Glaubens. In unserer Terminologie: Sie erklärt, warum das christliche Wahrwertnehmen nicht nur ein *Wahrnehmungsvertrauen* enthält, sondern warum dieses *vertrauenswürdig* ist. Die Voraussetzung für diese Vertrauenswürdigkeit ist aber die Selbstidentifikation des dreieinigen Gottes als Bedingung der Möglichkeit des Wahrwertnehmens auf der christlichen Weglinienperspektive. Deshalb ist es auch richtig, den dreieinigen Gott als „Gegenstand" der Theologie zu bezeichnen, ohne dass dieser freilich damit zu einem Einzelphänomen oder zu einem Objekt würde. Da aber Theologie als Reflexionswissenschaft notwendigerweise die sprachliche Abstraktion der Subjekt-Objekt-Distinktion mit in Anspruch nehmen muss, ist all ihre Tätigkeit und Rede immer, wie Bultmann richtig erkannt hat, rechtfertigungsbedürftig.[20]

Theologie beschäftigt sich also mit den gleichen Erfahrungen und Sequenzen, mit denen sich die Einzelwissenschaften beschäftigen – aber im Lichte der Narration des Evangeliums und dessen dreieinigen Grundes. Das bedeutet:

Erstens werden alle Phänomene als *geschaffene Gaben* in einer Liebesbeziehung wahrgenommen, die unmittelbar den Respons des *Schöpfungsdankes* erfordern.

Zweitens werden alle Phänomene als *ver-rückt und zurecht-rückungsbedürftig* wahrgenommen, also in einem narrativen Zusammenhang, der Anlass *zu Klage* und *Bitte* erfordert.

20 Vgl. Bultmann, Von Gott reden, in: Bultmann, 1925, 36f.

Drittens werden aber auch alle Phänomene im Lichte der doppelten Hingabe des Sohnes und des Geistes wahrgenommen, d.h. sie werden prinzipiell, wenn auch nicht aktual als zurechtgerückt erkannt und dadurch als *auf Vollendung* angelegt. Alle Phänomene regen daher nicht nur zu Schöpfungsdank, sondern auch zu *Versöhnungsdank* an und inaugurieren *Vollendungshoffung* als angemessene Haltung bezüglich der Erwartung weiteren, zukünftigen Wahrnehmens.

Eine theologische Kritik der evolutionistischen Erklärungsversuche von Glaube

Wenden wir nun das zuletzt Gesagte auf die eingangs genannten evolutionistischen Erklärungsversuche von Religion an. Das hat folgende Konsequenzen:

1. Christlicher Glaube ist kein abgrenzbares Phänomen, sondern eine Weise der Wahrnehmung von Phänomenen überhaupt. Jeder Versuch, bestimmte Phänomenbereiche von anderen Phänomenbereichen isolieren zu wollen und als „religiös“, oder als „christlich“ ausweisen zu wollen, ist daher strikt verfehlt. Verfehlt und falsch sind daher die Erklärungsversuche des CSR-Ansatzes wie der Neurotheologen, weil sie vollständig verkennen, was Glaube ist. Stundenlanges Rosenkranzgebet und Meditation sind nicht „religiöser“ als ein Tischgebet oder die mehr oder weniger gedankenlose Partizipation am Abendmahl oder an einer Tauffeier! Keiner würde aber im Ernst erwarten, dass mein Gehirn eine andere Aktivität aufweist, wenn ich ein simples Tischgebet spreche, als wenn ich einen Vortrag eröffne. Ebenso stimmt es nicht, dass nur dann irgendetwas von religiösem Wert ist, wenn ich es einem unkörperlichen, allmächtigen Individuum zuschreibe. Das Christentum geht ja von der Leiblichkeit und Fleischwerdung des Sohnes aus, die durch das konkarnierende Wirken des Heiligen Geistes real erfahrbar ist. Mit was auch immer sich die Neurotheologie und der CSR-Approach beschäftigen mögen – es ist nichts, was für Glaube typisch wäre. Dass sowohl personale Gebete wie auch mystische Einheitserfahrungen im Glauben vorkommen können, ist damit nicht in Abrede gestellt. Aber dieses Außergewöhnliche definiert nicht, was Glaube ist.
2. Wenn überhaupt, dann ist der biosemiotische Ansatz geeignet, dem Selbstverständnis des Glaubens eher gerecht zu werden. Er kann zwar nicht erklären, worin das Spezifische des Glaubens besteht, aber er kann immerhin erklären, warum Glaube immer eine Weise des Wahrwertnehmens ist, die narrativ und daher auch semiotisch vermittelt ist. Freilich ist das nicht besonders aussagekräftig.

3. Welche Phänomene werden im Licht des Evangeliums wahrwertgenommen? Antwort: Alle, sonst wäre der christliche Glaube nicht Schöpfungsglaube. Was gehört zu diesen Phänomenen? Die *praxis pietatis* gehört dazu. Aber auch unsere naturwissenschaftliche, reflektierende Praxis gehört dazu. Auch Entwürfe von naturwissenschaftlichen Theorien, wie die Evolutionstheorien, gehören dazu; ja der Lauf der Natur. Wenn also sowohl die Naturgeschichte des Menschen als auch deren Erklärung durch Evolutionsbiologen Phänomene sind, die im christlichen Glauben wahrwertgenommen werden, dann heißt das konkret:
   a) Sowohl die Naturgeschichte als auch deren evolutionsbiologischen Reflexionen sind geschaffene Gaben, die zu Schöpfungsdankbarkeit Anlass geben. Sie werden nicht neutral wahrgenommen, sie sind keine Gegebenheiten, sondern Gaben. Die Naturwissenschaft selbst sollte sich eigentlich Wertungen enthalten. Aber eine Tätigkeit, die sich solcher Wertungen enthält, kann sehr wohl als wohltuende Gabe wahrgenommen werden.
   b) Sowohl die Naturgeschichte als auch deren evolutionsbiologischen Reflexionen werden als ver-rückt, als gestört und als zurechtrückungsbedürftig wahrgenommen. Und deswegen geben beide Anlass zu Klage und Bitte. Beide – die Naturgeschichte und deren naturwissenschaftliche Reflexion – sind also nie ungestört zu haben.
   c) Sowohl die Naturgeschichte als auch deren evolutionsbiologische Reflexion ist vollendungsbedürftig und auf eine eschatische Perfektion angelegt. Eine eschatische Vollendung ist aber nur eine solche, wenn sie eben innerweltlich, d.h. nach der Logik des faktisch innerweltlichen gestörten Relationszusammenhanges, *nicht* ablesbar oder erwartbar ist: Jede Entwicklung, die die Naturgeschichte in Zukunft nehmen wird, ist nicht das, was sich der Glaube als dessen Vollendung erhofft. Jede Verbesserung der Evolutionsbiologie mit rationalen Mitteln ist nicht das, was der Glaube unter deren Vollendung verstehen kann. Vielmehr geht es um eine Zurechtrückung und Vollendung der an sich gestörten Vernunft, die selbst immer als leibliche Vernunft Teil dieser Naturgeschichte ist. Das heißt m.a.W. auch: Alle Versuche, naturphilosophisch Teleologien aufweisen zu wollen, würden gerade dann, wenn sie erfolgreich wären, theologisch *vollständig irrelev*ant sein. Was jedoch nicht irrelevant ist, ist in Erwartung der Hoffnung auf diese Zurechtrückung und Vollendung zu leben.
4. Das gleiche, was über die Naturgeschichte und deren evolutionsbiologische Reflexion gesagt ist, ist auch über den Glauben zu sagen: Auch dieser ist ein Geschenk, dem man in Dankbarkeit begegnet; auch dieser ist immer gestört

und ver-rückt und gibt Anlass zu Klage und Bitte. Auch dieser gibt Anlass zur Hoffnung, weil er auf Vollendung angelegt ist.

5. Diese Vollendung des Glaubens ist nach der christlichen Überzeugung der *visio beatifica* ein „Schauen“, d.h. ein unmittelbares Wahrwertnehmen des dreieinigen Gottes und aller Geschöpfe, ohne dass es noch vermittelt sein müsste: Das himmlische Jerusalem kennt keinen Tempel, weil Gott selbst anwesend ist. Das Schauen ist hier Selbstzweck und dient nicht funktional irgend etwas anderem. Das bedeutet aber, dass der Glaube auch gegenwärtig – in seinem ambivalenten Zustand zwischen Gerechtfertigt-sein und Gestört-sein – nur insofern sinnvoll ist, als er diesen Selbstzweck schon zum Tragen bringt. Wo man das Gegenteil behauptet, da *verzeichnet* man den Glauben in ganz grundsätzlicher Weise: Wo man behauptet, der Glaube sei *nötig*, weil er eine Ethik entlasse; wo man behauptet, der Glaube sei *nötig,* weil er helfe, unsere Gesellschaft zu befrieden; wo man behauptet, Glaube sei *nötig*, weil er die Gesundheit unterstütze; wo man behauptet, der Glaube sei nötig, weil er eine adaptive Funktion für das Überleben oder das Sich-zurechtfinden in einer Umwelt habe – überall da wird das Wesen des Glaubens unzulässig verzeichnet: *Glaube ist nie nötig!* Er ist ein Geschenk Gottes, das uns *mehr* gibt, als wir träumen. Er existiert nicht, weil wir Mängelwesen sind, sondern er gibt uns Möglichkeiten, mit denen wir ohne den Glauben nicht gerechnet haben und nicht rechnen konnten: für unser eigenes Werden und das der Natur Vater, Sohn und Heiligem Geist danken zu dürfen, zu klagen, zu bitten und hoffen zu dürfen.
6. Der letzte Satz wäre ein sehr schöner Schlusssatz gewesen. Aber er kann es nicht sein. Denn eines müssen wir uns noch einmal klar machen: Wo kein Glaube als Weise des Wahrwertnehmens vorhanden ist, tritt nicht die Leere ein, sondern stets andere vermittelte Formen des Wahrwertnehmens, die von anderen Metanarrationen und deren Maßstäben unwillkürlich bestimmt werden. Die dramatische Liebesgeschichte des Evangeliums wird dann ersetzt, sei es durch die Marktlogik des Handels oder sei es durch die Machtlogik der Gewalt. Und diesen Geschichten und ihrem Wahrwertnehmen, das sie evozieren, wird man widersprechen müssen.

Und die Religion?

Wir haben in unserer Untersuchung die Religion nicht wiedergewonnen. Sie ist kein einheitliches, abgrenzbares Phänomen. Und wo Religionen als einheitliches Phänomen behandelt werden, da führt man die in der Reformation überwundene Unterscheidung von *heilig* und *profan* wieder ein. Von daher, so könnte man prägnant formulieren, erweisen sich die Vertreter von CSR und die Neurotheologen als selbsternannte Hohepriester, die wieder ein Allerheiligstes gegenüber dem Vorhof der Heiden einrichten wollen, die wieder besonders heilige Zeiten und Orten gegenüber deren reformatorische Zurücknahme aufrichten. Und das ist offensichtlich attraktiv und das scheint durchaus Versuchungspotential zu besitzen: Als Praktizierender einer klassischen Religion kann man nun die Lieblingspraxis auch noch biologisch gerechtfertigt sehen; als Vertreter von Patchworkreligiositäten, die gerne traditionelle Gemeinschaften und deren Überzeugungen fliehen, weiß man sich nun in seiner überlegenen Haltung gerechtfertigt. Als Vertreter von atheistischen Glaubensformen weiß man nun, warum die Anderen einem Irrtum aufsitzen mussten, und man findet neue Wege, sie zu bekämpfen. Mit „Religion" zu operieren ist *en Vogue* und attraktiv. Haben wir dem nichts entgegen zu setzen? Können wir den Begriff nicht retten? Vielleicht geht das doch, aber nur auf Umwegen. Es gibt nämlich zwei historisch mit ziemlicher Sicherheit falsche Etymologien von „Religion", die inhaltlich sinnvoll sind.

Auf die erste verweist Michel Serres, der *religio* von *re-legere, wieder-lesen*, ableitet.[21] Religion wäre demnach eine Praxis, die vom immer und immer wieder Lesen und Entdecken der *traditio* bestimmt ist. Die mittelalterliche Klosterlektüre war ja selbstverständlich eine *viva vox* in ihrer Leiblichkeit: Gelesen werden musste, da Spatien fehlten, mit dem Finger und laut, so dass man gehört hat, was man las. Die Bücher der Klosterlektüre wurden auch nicht als Repräsentationen verstanden, sondern im Modus der Partizipation: Man partizipierte am lebendigen Text der *traditio*, in die man während des Lesens hineingenommen wurde und die erst im Lesen selbst entstand. Erst als Spatien eingeführt wurden, änderte sich diese Praxis.[22] Nun entstand das stille Lesen und mit ihm wurde Lesen weniger als leiblich-partizipative Tätigkeit denn als geistig-repräsentative Tätigkeit aufgefasst. Während vorher Bücher offen lagen und als unabgeschlossen galten – ja das eigentliche Buch die gesamtleibliche, nie gleiche partizipatorische Lektüre darstellte – galten Bücher jetzt als geschlossene Informationsquellen, die man im geistigen Lesen repräsentieren kann und die ihrerseits etwas an der Welt repräsentieren. Hatte man zuvor *aus* dem Text gelesen, wurde nun *ab*gelesen. Galt es zuvor, dem Text zu folgen und die *story* wahrhaft erzählen zu können, entstand nun die Frage, ob die *story* eine wahre Repräsentation von etwas anderem sei. Die Logik der Repräsentation fragt nach der Wahrheit einer Geschichte. Die Logik der Partizipation fragt danach, einer Geschichte wahrhaft folgen zu können. Der

21 Vgl. Serres, Natural Contract, 1995, 47.
22 Ingold, Dreaming, 2013, 734–752, bes. 742.

Unterschied in den verschiedenen Lesarten des Lesens kann auch auf die Natur angewandt werden, die ja von Alters her als *Buch der Natur* bezeichnet wird – eine Metapher, die in der Frühscholastik bei Hugo von St. Victor besonders wichtig ist und die auch bei Francis Bacon und Galilei erscheint. Während die repräsentationalistische Deutung des Buches der Natur dieses in der Sprache der Mathematik verfasst sieht, so dass zu fragen ist, ob eine Theorie wahr ist, wäre eine partizipatorische Deutung des Buches der Natur eine andere: Auch hier geht es darum, in leiblicher Interaktion und im Hören auch auf die nichtmenschliche Natur selbst partizipatorisch zu lesen, und das heißt, selbst zu werden bzw. auf der eigenen Weglinie zu emergieren und die Geschichte wahrhaft zu leben. Dies ist dann für Serres das *relegere* der Religion. Interessant ist auch, dass Serres das Gegenteil von Religion dann auch nicht in Religionslosigkeit oder atheistischen Religionen sieht, sondern in einem *neg-legere*, also in Nachlässigkeit. Wo sorgfältiges, leibhaft-partizipatorisches *re-legere* fehlt, da ist Nachlässigkeit am Werk; und das heißt immer dann, wenn ein rein repräsentatives Lesen, d.h. eine desengagierte Erforschung der Naturgeschichte, die behauptet, wertneutral zu sein, als alleinig zulässiger Weg ausgegeben wird.

Die zweite historisch falsche, phänomenal aber weiterführende Etymologie des Religionsbegriffs geht auf Laktanz zurück.[23] Man kann *religio* auch von *re-ligare*, *wieder-anbinden* oder *wieder-verweben*, ableiten. In diesem Sinne wären Religionen menschliche Praxen und Kommunikationssysteme, die nicht einfach auf eine beliebige Orientierungsleistung im Handeln aus sind, sondern die unsere reflexiven und diskursiven Fähigkeiten mit unserem unmittelbaren Wahrwertnehmen vermitteln wollen. Religionen hätten dann die Aufgabe, die Wirklichkeit nicht zu repräsentieren, sondern Wege zu ihrer versöhnten Partizipation zu finden oder bereitzustellen. Sie würden uns wieder mit der Wirklichkeit des Werdens verweben, von der wir uns als losgelöst betrachten, bestenfalls als Systeme in einer Wirklichkeit einer unbestimmbaren Welt. Religionen wären dann im eigentlichen Sinne Weglinienperspektiven oder Weisen der Wahrnehmung, die die Aufgabe haben, uns nicht abstrakt im Handeln zu orientieren und zu motivieren, sondern unser Wahrwertnehmen so zu bilden, dass wir die Geschichte unseres Werdens recht erzählen können. Das Gegenteil wäre dann ein los-binden, ein *ab-ligare*, das lateinisch aber eigentlich ein *resolvere* wäre: Jemand, der gegenüber den Verstrickungen der Lebenswelt *resolut* wäre, der über den Dingen schweben

23 Ingold, Life of Lines, 2015, 155.

würde, der nichts zu danken, zu klagen, zu bitten und zu hoffen hätte, wäre dann als religionslos zu verstehen.

Beide Etymologien verweisen also letztlich auf das gleiche: Darauf, dass wir Menschen Wesen sind, die nicht einfach reflektieren können, sondern die ganz in unsere Lebenswelt engagiert eingebunden sind; die sich eine Sache, sei es das Interesse des Anderen oder die einer Wissenschaft, ganz zur eigenen machen können und die diese partizipatorisch und engagiert verfolgen können, die also von etwas – von einer *story* – passiv *hingerissen* werden und darauf durch einen Respons so reagieren, dass ihr Leben einen neuen Lauf nimmt. Dieses engagierte, umgangssprachlich „selbstlos" genannte Leben von Menschen nichtreduktiv biologisch zu untersuchen, wäre die eigentliche Aufgabe, die man zu stellen hätte, wenn man sich naturwissenschaftlich mit Religion beschäftigt.

Literatur:

Barrett, Justin L., Why would anyone believe in God?, Walnut Creek 2004.

Barrett, Justin L. & Frank C. Keil, Conceptualizing a Nonnatural Entity. Anthropomorphism in God Concepts, Cognitive Psychology 31, 1996, 219–247.

Bergunder, Michael, Was ist Religion? Kulturwissenschaftliche Überlegungen zum Gegenstand der Religionswissenschaft, Zeitschrift für Religionswissenschaft 19, 2011, 3–55.

Boyer, Pascal, Religion Explained. The Human Instincts that Fashion Gods, Spirits and Ancestors, London 2001.

Boyer, Pascal, Religious thought and behaviour as by-products of brain function., Trends in Cognitive Sciences 7, 2003, 119–124.

Bultmann, Rudolf, Welchen Sinn hat es, von Gott zu reden?, in: Bultmann, Rudolf (Hg.), GuV I, 1925, 26–37.

Clingerman, Forrest, Reading the Book of Naure. A Hermeneutical account of Nature for Philosophical Theology, Worldviews. Glöopbal, Religions, Culture Ecology 13, 2009, 72–91.

Coakley, Sarah, Sacrifice Regained. Reconsidering the Rationality of Religious Belief, Cambridge 2012.

Fuentes, Agustín & Celia Deane-Drummond, Human Being and Becoming. Situating Theological Anthropology in Interspecies Relationships in an Evolutionary Context, Philosophy, Theology and the Sciences 1, 2014, 251–275.

Herms, Eilert, Systematische Theologie. Das Wesen des Christentums: In Wahrheit und aus Gnade leben. Bd. 1 §§ 1–59, Tübingen 2017.

Ingold, Tim, Dreaming of Dragons. On the Imagination of Real Life, Journal of the Royal Anthropological Institute 19, 2013, 734–752.

Ingold, Tim, The Life of Lines, London/ New York 2015.

Johnson, Dominic, God is Watching You. How the Fear of God Makes Us Human, New York 2016.

Krech, Volkhard, Wo bleibt die Religion? Zur Ambivalenz des Religiösen in der modernen Gesellschaft, Bielefeld 2011.

Newberg, A.B., E. D'Aquili & V. Rause, Der gedachte Gott. Wie Glaube im Gehirn entsteht, München 2003.

Newberg, A.B., E. D'Aquili, E. & Rause, V., Why God Won't Go Away. Brain Science and Biology of Belief, New York 2001.

Newberg, Andrew B., Principles of Neurotheology, Farnham u.a. 2010.

Newberg, Andrew B., Abass Alavi, Michael Baime, Michael Poudehnad, Jill Santanna, Jill & Eugene D'Aquili, The Measurement of Regional Cerebral Blood Flow during the Complex Cognitive Task of Meditation. A Preliminary SPECT Study, Psychiatric Research – Neuroimaging Section 106, 2001, 113–122.

Newberg, Andrew B., Nancy Wintering, Donna Morgan & Mark R. Waldman, The Measurement of Regional Cerebral Blood Flow During Glossolalia. A Preliminary SPECT Study, Psychiatric Research – Neuroimaging Section 148, 2006, 67–71.

Newberg, Andrew B., Nancy Wintering, Mark R. Waldman, Daniel Amen, Dharma Khalsa & Abass Alavi, Cerebral Blood Flow Differences between Long-term Meditatiors and Non-Meditators, Consciousness and Cognition 19, 2010, 899–905.

Nowack, Martin A. & Sarah Coakley (Hg.), Evolution, Games, and God. The Principle of Cooperation, Cambridge (Mass.)/ London 2013.

Pollack, Detlef, Was ist Religion? Probleme einer Definition, Zeitschrift für Religionswissenschaft 3, 1995, 163–190.

Runehov, Anne L.C, Sacral or Neural? The Potentiality of Neuroscience to Explain Religious Experience, Göttingen 2007.

Serres, Michel, The Natural Contract, Ann Arbor 1995.

Visala, Aku, Naturalism, Theism and the Cognitive Study of Religion, Farnham–Burlington 2011.

Visala, Aku, Religion and the Human Mind. Philosophical Perspectives on the Cognitive Science of Religion, NZSTh 50, 2008, 109–130.

Thorsten Dietz

VII. Der Herr des Lichts, die alten und die neuen Götter – zwischen Glaube und Skepsis. Religionsgeschichte als Religionskritik in der Filmserie „Game of Thrones“

Abstract: An artistic use of religious history can be found in the cult fantasy series "Game of Thrones". The author George R.R. Martin models the religions of the various nations of his fantasy world after the animistic, polytheistic, or high forms of religion found in the past and present of real history. The presentation of religious truth in "Game of Thrones" mirrors a modern western understanding of religion, including the rational criticism of religion that we almost take for granted. This skepticism, however, leads into new forms of religious search, which are expressed by the most appealing characters in "Game of Thrones".

Religion in Westeros – der ferne und nahe Spiegel

Hollywood und seine weltweiten Pendants sind weit mehr als eine Traumfabrik. Die großen Blockbuster unserer Zeit sind längst an die Stelle der klassischen Mythen der Antike und der großen Dramen des Theaters getreten. Im 21. Jahrhundert scheint sich dieser Trend weiterzuentwickeln und zu verstärken. Zunehmend treten Serienformate an die Seite und teilweise an die Stelle von Filmen. Das Kino kopiert inzwischen die Serienlogik der Streamingdienste. Marvels MCU-Filmreihe macht das mit ihren über 20 Filmen deutlich, die wie eine große Serie funktionieren. Solche Filme und Serien sind längst zum massenwirksamsten Leitmedium der kulturellen Selbstverständigung unserer Zeit geworden.

Was Religion ist bzw. sein kann, ist für immer mehr Menschen nicht etwas, was sie an ihren Erfahrungen mit ihrer Ortsgemeinde bzw. ihren Ortsgeistlichen bemessen. Immer weniger prägt auch die eigene gläubige Großmutter die Vorstellungen von Religion, sondern: ihr öffentliches Bild in den Medien. Je mehr die eigene Begegnung mit Religion lebensweltlich schwindet, desto mehr geben medial vermittelten Anschauungen des Glaubens Orientierung. Daher ist die Frage wesentlich: Welches Bild von Religion wird heute in den bekanntesten Serien und Filmen unserer Zeit vermittelt?

In den letzten Jahren hat kein Serienformat die Welt so sehr in Atem gehalten wie *Game of Thrones*, die Verfilmung der Buchserie *Das Lied von Eis und Feuer* von George R.R. Martin durch den Programmanbieter Home Box Office (HBO).[1] Die Grundidee ist schlicht und klassisch. In einer Fantasy-Welt kämpfen verschiedene Herrscherhäuser um den Eisernen Thron. Die Serie verarbeitet unterschiedliche historische und kulturelle Traditionen unserer Welt. Die Grundidee lässt sich auf die englischen Rosenkriege des 15. Jahrhunderts zurückführen.[2] Wie damals die Yorks und die Lancasters um die Macht rangen, so sind es hier die Starks und die Lannisters. Überhaupt macht die Handlung viele Anleihen am Mittelalter. Tyrion Lannister, ein kleinwüchsiger Mann, erinnert zu Beginn vielfach an Shakespeares Richard III.[3] In den Männern der Eiseninseln, deren ganze Kultur auf Raubzüge und Plünderungen abgestellt ist, spiegelt sich die frühmittelalterliche Bedrohung Europas durch die Wikinger. Das Ganze wird angereichert mit den Mitteln des Fantasy-Genres: Drachen, Riesen, Hexen und Zombies. Und natürlich auch: Sex und Gewalt.

Besonders interessant aus theologischer Sicht ist der Umstand, dass der Autor George R.R. Martin bei aller Bewunderung für Werke wie Tolkiens *Der Herr der Ringe* unzufrieden war mit der eindimensionalen Weise, wie Religion in vielen Fantasy-Werken dargestellt wurde. In der wirklichen Geschichte waren Religionen stets ein zentraler Bestandteil der sozialen Realität. Daran nimmt Game of Thrones Maß. Die verschiedenen Stämme bzw. Länder haben jeweils ihre unterschiedlichen Religionen, die das Alltagsleben intensiv prägen. Anders als in den Werken von Tolkien oder C.S. Lewis ist die Grundstimmung der Darstellung nicht gerade religionsfreundlich. Martins Beschreibungen der Religion sind ausführlich, differenziert – und in ihrer Gesamttendenz kritisch. Game of Thrones ist intelligente Religionskritik.

Die Welt von Westeros hält uns gleichsam einen Spiegel vor. Dabei handelt es sich um einen Spiegel, der gleichsam fern und nah ist. Zunächst ist es ein ferner Spiegel, denn weitgehend werden vormoderne Gestalten der Religion beschrieben. Dass Martin diesen bunten religiösen Kosmos zugleich modernen Zweifeln aussetzt, sorgt für eine besondere Gleichzeitigkeit des Ungleichzeitigen. Von mehr oder weniger sämtlichen Sympathieträgern gilt: Die Helden beten nicht. Sie hadern mit der Religion oder verabschieden sie gänzlich.

---

1 Bisher sind fünf Bände erschienen (bzw. 10 Bände in der deutschen Übersetzung). Diese Bücher sind Grundlage der ersten fünf Staffeln der HBO-Fernsehserie, die in im Frühjahr 2019 mit der achten Staffel an ein Ende gekommen ist. Die Fortsetzung des Romans ist seit Jahren angekündigt und mehrfach verschoben worden.

2 Vgl. Larrington, 2016, 14.

3 Vgl. Servos, 2014, 76f.

Wie bei den politischen Verwicklungen seiner Welt hat der Autor auch seine Religionen nicht frei konstruiert, sondern Maß genommen an der Religionsgeschichte unserer Welt. Ich möchte im Folgenden einen Überblick geben über die wichtigsten Religionstypen, die in der Serie zur Darstellung kommen. Dabei möchte ich die von Martin entwickelten Religionstypen jeweils ansatzweise einordnen in eine moderne Deutung der Religionsgeschichte, wie sie in Charles Taylors Werk *Ein säkulares Zeitalter* entwickelt wurde.[4]

Die Alten Götter

Die von George Martin beschriebene Handlung findet auf zwei Kontinenten statt, Essos und vor allem Westeros. Die große Mehrheit der Menschen in Westeros hängt einer Hochreligion an, die einen Gott in sieben Gestalten verehrt. Im Norden hält sich allerdings noch eine Anhängerschaft der ursprünglichen Religion von Westeros, dem Glauben an die alten Götter. Wir erfahren: Ehemals haben alle Bewohner, die Nachfahren der ersten Menschen von Westeros, diese alten Götter verehrt. Durch die Einwanderung der Andalen vor vielen Jahrtausenden aus Essos wurde der alte Glaube massiv bekämpft und verdrängt.

Was wissen wir über die alten Götter? Es gibt keine heiligen Schriften, keine Dogmen, keine organisierte Priesterschaft. Die unzähligen Gottheiten sind namenlos. Wenn wir an den (nicht unumstrittenen) älteren Klassifikationen der Forschung Maß nehmen, dann repräsentieren die alten Götter ein Stadium der „Naturreligion" bzw. des Animismus. Präsent sind die alten Götter in Naturheiligtümern, vor allem Wehrholzbäumen und Götterhainen, in denen man in ihre Gegenwart treten kann. An diese heiligen Orte kommt man zur persönlichen Besinnung; hier werden auch Hochzeiten zelebriert oder Gelübde abgelegt. Es gibt keine religiösen Organisationen, keine Spezialisten, keinen offiziellen Kult. Die alten Götter verlangen und versprechen nichts.

Die alte Religion ist verbunden mit Erzählungen, Mythen und Sagen. Es gibt in dieser Welt eine tiefe Einsicht in die Zusammenhänge des Lebens. Die alten Götter stehen für das verdrängte Wissen früherer Geschlechter. In dieser alten Weisheit weiß man noch um die umfassende Bedrohung des Lebens aus dem Norden. Hier gibt es noch das Bewusstsein für Zwischenwesen, für Magie, überhaupt für die dünne Schicht des menschlichen Bewusstseins, die porös werden kann, geöffnet für den unmittelbaren Austausch mit anderen Geistwesen, bis hin zum Phänomen der Wargs bzw. der Leibwechsler, die in den Geist von Tieren eindringen und

4 Taylor, 2012.

durch sie wahrnehmen, u.U. auch handeln können. Grünseher sind hingegen Menschen, die in ihren Träumen und Visionen in die Vergangenheit oder in die Zukunft sehen können.

Ordnen wir dieses Bild ein wenig ein in ein heutiges Bild der Religionsgeschichte. Mit Charles Taylor kann man bei den religiösen Anfängen der Menschheit von einer Phase der großen *Einbettung* sprechen. Religion ist keine Sache des Einzelnen, dieser ist religiös ganz in die Gemeinschaft eingebettet. „Wer in der verzauberten, porösen Welt unserer Vorfahren lebte, der führte ein wesentlich soziales Leben."[5] Religion ist eine durch und durch soziale Praxis, im Ritual wie in der Teilhabe an einer umfassenden Erzähl- und Erinnerungsgemeinschaft. Diese Gemeinschaft wiederum sah sich nicht im Gegenüber zur Natur, sondern als Teil derselben. So ist das Individuum in die Gemeinschaft, diese in die Natur und alles ins Göttliche verwoben und geborgen.

Das damit verbundene Verhältnis des Menschen zu seiner Umwelt beschreibt Taylor mit dem Bild des „porösen Selbst"[6]. Das poröse Selbst steht für ein menschliches Selbsterleben, in dem der Einzelne sich als konstitutiv offen und verbunden mit anderem erlebt. Es war ein langer kulturgeschichtlicher Weg, um da hin zu kommen, wo heute die meisten sind: bei einem abgepufferten Selbst, das streng zwischen Innen und Außen, Geist und Körper, Vernunft und Natur unterscheidet. Gerade für dieses poröse Selbst bietet Game of Thrones interessante Veranschaulichungen, wie die Wargs und die Grünseher. Noch stärker ausgeprägt ist dies bei einem Mann, der als dreiäugiger Rabe bezeichnet wird. Ein Angehöriger der Familie Stark, Bran Stark, entdeckt mehr und mehr diese Wirklichkeit. Als Bran Stark und seine Begleiter den dreiäugigen Raben finden, lebt er inmitten eines Baumes, quasi mit diesem zusammengewachsen. Er sieht alles und weiß alles, in der Gegenwart wie in der Vergangenheit. Erzählungen von dieser Realität wurden von den meisten Nordmenschen für Ammenmärchen gehalten. Im Laufe der Handlung erweisen sie sich als wahr. Bran Stark wird mehr und mehr in diese Welt hineingezogen, entwickelt ein solches poröses Selbst und wird schließlich der neue dreiäugige Rabe.

Die alten Götter und ihre Welt sind ein ferner Spiegel, und zugleich auch ein besonders naher. Denn ihre Wahrnehmung in Buch und Serie ist stark bestimmt von einer zutiefst modernen Idealisierung ursprünglicher Religion. Für Taylor ist es ein interessantes Merkmal unserer Zeit, dass sie zur Idealisierung dieser eingebetteten Welt neigt: „Das vielleicht klarste Zeichen der Veränderung unserer

---

5 Taylor, Zeitalter, 79; vgl. insgesamt auch: Bellah, 2011.

6 Taylor, Zeitalter, 79.

Welt besteht darin, dass es heute viele Menschen gibt, die auf die Welt des porösen Ichs mit Wehmut zurückblicken."[7] Seit den 1970er Jahren ist das ein Großtrend der westlichen Welt: die Faszination für die Traumzeit der Aborigines oder die Religion amerikanisch-indigener Stämme.[8] In der Darstellung der Alten Götter fühlt man sich ein wenig erinnert an Marion Zimmer Bradleys *Nebel von Avalon*: hier das aggressive, hierarchische, machtbewusste Christentum mit seiner starren Dogmatik: dort der naturverbundene, mystische Glaube der alten keltischen Welt mit seinem Sinn für das Geheimnis. Im Kino wurde diese Faszination für früheste Religion am eindrücklichsten sichtbar im kommerziell erfolgreichsten Film aller Zeiten: Avatar.[9] Auf dem Planeten Pandora leben die Navii in einer fast perfekten Synthese von Seele und Leib, dem Einzelnen und der Gemeinschaft bzw. der Gemeinschaft und der Natur und damit dem Göttlichen. Und so werden sie auch anziehend für Mitglieder der intergalaktisch-imperialistischen Menschheit, deren Mitglieder in jeder Hinsicht einen Prozess der „Exkarnation"[10] hinter sich haben, wie Taylor diese Entbettung auch bezeichnen kann.

Das Bild der alten Götter schillert freilich merkwürdig. Die alte Religion ist ausgezeichnet durch Weisheit und Machtlosigkeit zugleich. Es geht in dieser Religion um das Leben, um natürliche Ordnungen und Strukturen, denen man sich nicht entziehen kann. Die mit ihr verbundenen Geschichten erweisen sich immer wieder als realitätsgesättigt. Und doch ist dieser Glaube hilflos seiner Auflösung ausgesetzt. „Im Süden waren die letzten Wehrholzbäume schon vor tausend Jahren geschlagen oder niedergebrannt worden"[11] – wie einst vom christlichen Missionar Bonifatius die Donareiche bei Fritzlar.

Wirkliche Verehrung der alten Götter findet sich kaum noch. Entgegen allem, was wir religionsgeschichtlich wissen, sehen wir praktisch nie soziale Praxis und Rituale dieses Glaubens, vielmehr besinnliche Aufenthalte Einzelner, die sich in kontemplativer Gelassenheit an schönen Naturplätzen seelische Erhebung versprechen. Die alten Götter von Westeros stehen nicht mehr für eine Glaubensmöglichkeit, sondern für die verklärte Erinnerung an ganzheitliche Religiosität.

---

7 Taylor, Zeitalter, 73.

8 Vgl. internationale Bestseller wie Carlos Castanedas Reihe „Die Lehren des Don Juan" oder Marlo Morgans „Traumfänger".

9 Der von James Cameron produzierte Film „Avatar – Aufbruch nach Pandora" erschien 2009 im Kino und steht seither mit einem Einspielergebnis von 2,78 Mrd. US-Dollar an der Spitze der Charts der erfolgreichsten Kinoproduktionen aller Zeiten. Eine mehrteilige Fortsetzung des Stoffs wird seit Jahren gedreht.

10 Taylor, Zeitalter, 1021.

11 Martin, Lied, Bd. 1, 31.

Die neuen Götter

Die neuen Götter sind die dominante Religion von Westeros. Die Darstellung dieses Glaubens nimmt in besonderer Weise Maß am mittelalterlichen Katholizismus. Schon der Plural ist mit Vorsicht aufzufassen, analog zur christlichen Tradition sind die sieben Götter verschiedene Hypostasen des einen göttlichen Wesens. Der Glaube besagt, dass es einen Gott gebe, der über sieben Gesichter oder Aspekte verfügt. Jeder von ihnen repräsentiere dabei einen Teil des Lebens oder der Existenz: Der Vater steht für Herrschaft, Ordnung und Gerechtigkeit. Die Mutter steht für Fruchtbarkeit, Gnade und Barmherzigkeit. Das Weibliche bzw. Männliche findet sich jeweils noch zweimal; weiblich als die Jungfrau, die Unschuld, Keuschheit und Schönheit verkörpert und als das Alte Weib, das für Weisheit steht. Das Männliche verkörpert sich im Krieger, dem Inbegriff von Mut und Stärke und dem Schmied, der Arbeit und Handwerk repräsentiert. Schließlich ist da noch – der Fremde: der für das Verborgene und Unbegreifliche steht, und auch für den Tod.

Religionsgeschichtlich betrachtet, vermischt Martin hier den christlichen Dreieinigkeits-Glauben mit dem Erbe des griechisch-römischen Pantheons. Das Symbol der Religion ist ein siebenzackiger Stern: Einheit und Vielheit des Göttlichen liegen ineinander verschlungen. Der Vater und die Mutter stehen für die männliche und die weibliche Seite des Göttlichen. Die dreifache weibliche Gestalt als Jungfrau, Mutter und weises altes Weib mag an eine Auffächerung der christlichen Marienfigur erinnern, aber auch an Hera, Hekate und Aphrodite. Der Schmied erinnert vor allem an Hephaistos. Mit dem Fremden ist eine Art *deus absconditus* zur Ehre der Altäre erhoben. Eine eigentliche Erlösungslehre im Sinne des Christentums findet sich nicht. Der Krieger erinnert mehr an Herkules und Achill als an Jesus Christus.

Diese Religion ist in der breiten Bevölkerung lebendig verankert. Der Glaube an die Sieben gewährt Orientierung für zentrale Lebensbereiche. Anders als die Vorstellung der alten Götter ist diese Religion sehr explizit. Sie kennt heilige Schriften, die studiert und ausgelegt werden müssen. Diese Religion hält Lebensregeln für alle Stände und Lebensfragen vor. Diese Religion ist schließlich auch ein Machtfaktor. Denn sie stiftet nicht nur metaphysische Ordnung, sie begründet auch weltliche Hierarchien. Thron und Altar sind natürliche Verbündete im Kampf für die Ordnung und gegen alles Chaos.

Der Übergang von den alten Religionsformen zu einer solchen Hochreligion ist in der Religionswissenschaft vielfach diskutiert worden. In den letzten Jahren hat *Ara Norenzayan* einen griffigen Deutungsansatz formuliert.[12] Die frühe Religion

12 Norenzayan, 2013.

lebt von einem sehr hohen Maß an sozialer Einbindung in überschaubaren Gruppen. In dem Maße, wie aus solchen Gemeinschaften größere Gesellschaftstypen erwachsen, bildeten sich neue Religionsformen. Norenzayan spricht von *Big Gods*, Großgöttern, die mit ihrer Autorität verbindliche Lebensregeln für Menschen stiften, die sich nicht mehr alle persönlich kennen. Die *Big Gods* sind mit den Anforderungen einer komplexeren Gesellschaft eng verwoben. Sie gewährleisten verbindliche Moral, Ordnung und soziale Hierarchie. Der Glaube an Götter geht mit dem Bewusstsein einher, von ihnen gesehen und beurteilt zu werden – und mit Konsequenzen rechnen zu müssen, wenn das eigene Verhalten ihren Normen widerspricht. Und dieses Bewusstsein verbindet die Gläubigen und macht sie einander vertrauenswürdig, auch wenn sich die meisten nicht mehr persönlich kennen. Bis zur Gegenwart ist der Glaube an solche *Big Gods* die Mehrheitserscheinung in unserer Welt. Diese Form des Gottesglaubens „funktioniert“, sie ermöglicht unzähligen Menschen Orientierung und Stabilität.

So spiegelt es sich auch in Westeros: die Gläubigen der alten Götter leben in überschaubaren Stämmen und Häusern des Nordens. Der Süden ist sehr viel bevölkerungsreicher und urbaner: Königsmund, die Hauptstadt von Westeros, gilt als Großstadt mit ca. einer Million Einwohner.

Der Glaube an die neuen Götter führt freilich zu neuen Herausforderungen. Vor allem die sechste Staffel entfaltet eine höchst eindringliche Parabel über die Entwicklungsdynamik der Religion und ihre Missbrauchbarkeit in der Politik. In der Hauptstadt Königsmund wächst die Spannung zwischen der etablierten Priesterkaste – und einer radikalen Ordensbewegung, den Spatzen, die auf Dienst an den Armen, Askese und Bescheidenheit setzen. Zunehmend kritisieren die Spatzen die Verweltlichung des Glaubens. Schließlich greifen sie den Hohen Septon, eine Art Papst, bei einem Besuch in einem Bordell auf. Sie zerren ihn nackt aus dem Haus und schleifen ihn durch die Stadt, um seinen Lebenswandel bloßzustellen. Der Hohe Septon will beim Hof erreichen, dass die Spatzen bestraft und verboten werden. Aber Cersei, die Mutter des jugendlichen Königs Tommen, hat andere Pläne. Sie lässt den Septon einsperren und sorgt dafür, dass die Spatzen wissen, dass sie ihren Aufstieg ihr verdanken. So sucht sie ein neues Bündnis von Thron und Altar zu schmieden. Denn sie ahnt: Diese religiöse Gruppe könnte ein machtvolles Instrument sein, bei Bedarf lästige Konkurrenten um die Macht aus dem Weg zu räumen. Eine Zeitlang scheint dieser Plan aufzugehen. Die Spatzen übernehmen das Heiligtum. Die unbotmäßige Gemahlin ihres Sohnes, die erfolgreich dabei war, den jungen König dem Einfluss seiner Mutter zu entfremden, lässt sie geschickt in die Fänge der Spatzen geraten. Mit der Zeit werden diese Fanatiker allerdings auch ihr selbst gefährlich.

Was George R.R. Martin hier beschreibt, hat vielfältige Vorbilder in der mittelalterlichen Religionsgeschichte des Christentums. Besonders denken mag man z.B. an Savonarola (1452–1498), der im Florenz des 15. Jahrhundert die armen, gläubigen Volksmassen gegen dekadenten Reichtum aufbegehren lässt. Natürlich kann man auch an manche Gestalt der protestantischen Reformation denken, die Prunk und Macht der Kirche kritisiert und sich schließlich auf neue Weise mit den etablierten Mächten der Politik verbündet. Für die englische Geschichte liegt natürlich auch die Erinnerung an die Puritaner nahe; alles religiöse Reformbewegungen, die sich gegen die politische Vereinnahmung und Steuerung des Glaubens wehren – und auf diesem Wege selbst Teil der politischen Auseinandersetzungen werden.

In Charles Taylors Sicht der Religionsgeschichte spielen solche Bewegungen für die Entstehung der modernen Situation des Glaubens eine Schlüsselrolle. „Die Reformation als REFORM spielt eine Hauptrolle in der Geschichte, die ich hier erzählen möchte, also in der Geschichte der Beseitigung des verzauberten Kosmos und der schließlich geglückten Etablierung einer humanistischen Alternative zum Glauben."[13] Gerade diese innerreligiösen Reformbewegungen etablieren das Phänomen umfassender Religionskritik. Am Anfang handelt es sich um rein innerreligiöse Religionskritik. Die Reformer betonen ihre Wertschätzung des reinen Anfangs ihres Glaubens, sie suchen nach einer frommen und radikalen Vereinfachung der Frömmigkeit. Genau darum geht es den Spatzen, um die Wiederherstellung der großen Reinheit, die der Glaube am Anfang hatte.

Hat der Glaube an die neuen Götter die Einbettung der religiösen Gemeinschaft in die Natur mindestens stark gelockert, so findet nun eine weitere Entbettung statt: Einzelne können sich der Gemeinschaft gegenüberstellen. Sie tun das selten oder nie völlig allein, sondern in kleinen Gruppen. Aber die religiöse Gemeinschaft wird aufspaltbar, in Bewegungen, Richtungen und Parteien. Dieses Ergebnis ist im Grunde paradox. Denn diese Bewegungen wollen ja zu einer Intensivierung des religiösen Lebens führen. Aber damit entsteht auch die permanente Möglichkeit des Zweifels, Teil der richtigen Gemeinschaft zu sein. Die Reformbewegung ist immer eine Einübung in religionskritischer Haltung. Niemand kritisiert religiöse Gruppen so inbrünstig wie andere religiöse Gruppen. Die moderne Religionskritik beginnt als religiöse Religionskritik. Bevor es im Westen zu einer säkularen Infragestellung des Glaubens insgesamt kommt, gehen Jahrhunderte voran, in denen religiöse Gruppen andere religiöse Gruppen kritisieren und ihnen den Verrat am wahren Glauben vorwerfen. Diese Situation

13 Taylor, Zeitalter, 139.

macht es zunehmend auch möglich, sich vom Glauben insgesamt zu distanzieren. Dazu tragen auch intrinsische Aspekte des Glaubens an die neuen Götter bei. Gerade ihr Moralismus bringt früher oder später das Problem der Theodizeefrage mit sich. In einer Unterhaltung eines jungen Mädchens (Sansa Stark) und eines Kriegers (Sandor Clegane, dem „Bluthund") wird deutlich, was die Religion für die Gläubigen leistet und welchen Rückfragen sie sich stellen muss:

> ‚Habt ihr keine Angst? Die Götter könnten Euch für all das Böse, das ihr getan habt, in die Hölle verbannen?' ‚Welches Böse?' Er lachte. ‚Welche Götter?' ‚Die Götter, die uns alle erschaffen haben.' ‚Uns alle?', spottete er. ‚Sag mir, kleiner Vogel, was für ein Gott schafft ein Ungeheuer wie den Gnom oder eine Schwachsinnige, wie Lady Tandas Tochter? Wenn es Götter gibt, haben sie Schafe gemacht, damit Wölfe sie fressen, und sie haben die Schwachen gemacht, damit die Starken mit ihnen spielen können.' ‚Wahre Ritter beschützen die Schwachen.' Er schnaubte. ‚Wahre Ritter gibt es nicht, genauso wenig wie Götter. Wenn du dich nicht selbst beschützen kannst, stirb und gehe jenen aus dem Weg, die es können. Scharfer Stahl und starke Arme regieren diese Welt und du solltest nichts anderes glauben."' Sansa wich vor ihm zurück. ‚Ihr seid schrecklich.' ‚Ich bin lediglich ehrlich. Die Welt ist es, die schrecklich ist.'[14]

Religion wird hinterfragbar. Viele Hauptfiguren äußern grundsätzliche Zweifel. Skepsis breitet sich aus. Götter sind nicht mehr über alle Kritik erhaben.

Der Herr des Lichts

Die Gegenüberstellungen von altem und neuem Glauben oder von moderaten und extremen Ausprägungen des neuen Glaubens halten sich nah an europäische Erfahrungen. Nun ist die religionsschöpferische Phantasie von George R.R. Martin damit noch lange nicht erschöpft. Nennenswert ist z.B. noch der Ertrunkene Gott der Eiseninseln und das mit ihm verbundene Credo: „Was tot ist, kann niemals sterben"[15]; oder der Vielgesichtige Gott, der von den gesichtslosen Männern in Braavos verehrt wird, eine radikale Vereinigung von religiösen Assassinen, die sich für Auftragsmorde bezahlen lassen und gleichzeitig eine Art Sterbehilfe-Service für Lebensmüde anbieten. Die Vielfalt religiöser Erfahrungen ist unerschöpflich.

Auf einem anderen Kontinent der fiktiven Welt, auf Essos, gibt es noch einmal völlig andere religiöse Bewegungen. Eine dieser östlichen Religionen gewinnt auch im Westen zunehmend ihre Anhänger: die Verehrung des einen Gottes, R'hllor, des Herrn des Lichts. Diese Religion zeichnet sich durch einen extremen

14 Martin, Lied, Bd. 4, 382.
15 Martin, Lied, Bd. 3, 219.

Absolutheitsanspruch aus. Anhänger dieses Glaubens sind überzeugt: Es gibt nur einen wahren Gott – den Herrn des Lichts. Alle anderen Götter sind Dämonen bzw. Erscheinungen des Teufels, die gestürzt und niedergebrannt werden müssen. Zum gemeinsamen Gebet der Anhänger des Herrn des Lichts gehört der Wechselruf: „Herr, lasse dein Licht über uns leuchten." Darauf erfolgt die Antwort der Gläubigen: „Denn die Nacht ist dunkel und voller Schrecken."[16]

In dieser Metaphorik verdichtet sich ein umfassendes Lebensgefühl. Grundsätzlich ist das Leben unbehaust und bedroht. Die Welt ist finster und chaotisch. In dieser Religion herrscht immer geistiger Krieg. Es geht um Sieg gegen die Feinde, um Erlösung. Der Erlösergott ist Licht und Liebe. Er ist der einzige Halt in einer dunklen und bedrohlichen Welt. Darum bedarf es der Hoffnung auf den Auserwählten, der den entscheidenden Krieg anführen und gewinnen wird. Diese Religion kennt keine Ruhe, ähnlich wie die Reformbestrebungen. Sie kennt nicht einmal einen heiligen geschichtlichen Anfang, auf den man sich zurückbesinnen müsse: Ihr Horizont ist stets das Ende. Hier herrscht ein apokalyptischer Horizont, die permanente Vorbereitung auf den großen Endkampf. Und wer da kämpft, wird doch nicht gekrönt, er kämpfe denn mit aller Härte.

Dieser Glaube ist eine radikale Erlösungsreligion. Er hat jede kosmostatische Funktionalität abgestreift. Hier geht es nicht mehr darum, die bestehende Ordnung der Gesellschaft in irgendeiner Weise abzustützen oder metaphysisch zu rechtfertigen. Nein, diese Religion handelt vom fremden Gott. Um es in der Sprache der antiken Gnosis zu beschreiben: hier wird der ganz andere Gott verehrt, nicht der Schöpfer irdischer Ordnung, sondern der Erlöser von dieser Welt. Und diese Glaubensbewegung ist die einzige wachsende Religion in Westeros.

Kein Gott bewirkt so radikale Wunder für seine Anhänger – und keiner verlangt dafür so viel. „Eine große Gabe erfordert ein großes Opfer",[17] sagt seine Priesterin. Dieser Gott bewirkt wunderbare Rettung in größter Not. Aber erwartet auch radikale Opfer, und sei es das Opfer der eigenen Kinder. Dieser Gott tötet und erwartet die Bereitschaft zu töten. Offensichtlich bedient sich George R Martin bei der Schilderung dieser Religion wieder bei einer Reihe von historischen Vorbildern. Der Kult des Feuers erinnert an den zoroastrischen Glauben an Ahura Mazda.[18] Eine Reihe von dualistischen Strömungen der Religionsgeschichte steht Pate, von den Manichäern und Teilen der Gnosis bis zur politischen Religion des modernen Faschismus. Heute denken wir unvermeidlich auch an

16 Martin, Lied Bd. 3, 187.

17 Martin, Lied Bd. 6, 262.

18 Hubbard/LeDonne, Gods, 54f.

fundamentalistische Strömungen der Religionen, die nicht mehr im Ernst als reformerische Besinnung auf die Anfänge gelten können.

Nach Charles Taylor gehört das zur prekären Situation des Glaubens in der Moderne. Es ist möglich, jede Religion zu verabschieden. Fundamentalismus steht hingegen für einen ultra-religiösen Ausstieg aus der traditionellen Religion. Vereinfachung der Religionen ist ein Megatrend der Spätmoderne. Es gibt die Sehnsucht nach einfachen Antworten, nach Religion, die nicht mit der Komplexität der Welt mitwächst, sondern eine Gegenmacht zu einer überkomplexen Welt darstellt.

Aber auch solche Religion kommt an ihre Grenzen. Denn was geschieht, wenn ihre Versprechungen ebenfalls unerfüllt bleiben? Was wird aus dem Glauben, wenn seine ungeheuren Opfer nicht erfolgreich sind? So sehr der Herr des Lichts vielen als anziehend erscheint, so sehr stößt er andere radikal ab.

Religiöser Glaube: Skepsis und neue Suche

Game of Thrones entfaltet ein breites Panorama der verschiedenen Formen der Religion – und auch der Religionskritik:

- Durchgängig finden wir Formen der historisch-genetischen Religionskritik. Jedes Volk hat seine Religion, in der sich das abbildet, was für die jeweilige Kultur typisch ist. Wald- und Baumverbundenheit – oder die Nähe zum Wasser. Orientierung an der Hierarchie der Ordnung – oder Streben nach absoluter Macht. Religionen sind Abbilder menschlicher Sehnsüchte. Ist man von diesem Gedanken ergriffen, ist es schwer, am Glauben in alter Unmittelbarkeit festzuhalten.
- Mehrfach begegnet die Logik der Theodizeekritik. Zu offensichtlich ist die Wirkungslosigkeit der Gebete um Schutz und Bewahrung, die viele Figuren erleben. Letztlich ist die ungerechte Verteilung des Leidens in der Welt nicht zu vereinbaren mit den Bekenntnissen zur göttlichen Güte. Der Glaube an die überlegene Weisheit der Götter erweist sich als unvereinbar mit der Brutalität der Wirklichkeit.
- Schließlich stechen die Eskalationen fundamentalistischer Frömmigkeit ins Auge. Glaube kann missbraucht werden zu grausamen Exzessen. Die Unmenschlichkeit seiner Eiferer scheint den Glauben endgültig zu diskreditieren.

Ist das die Moral von der Geschichte? Religionen sind ein Teil der Menschheitsgeschichte, aus dem uns die historische Entwicklung nach und nach herauswachsen lässt? Ist Game of Thrones ein Kompendium aufgeklärter Religionskritik in unterhaltsamster Gestalt? Ja; und das ist nicht alles, was deutlich wird. In *Game of Thrones* finden sich nicht nur Abwicklungen des Glaubens, sondern auch neue

Epiphanien des Glaubens, wie Charles Taylor es bezeichnet. Auch wenn Religion als menschlich-allzumenschliche Angelegenheit massiver Skepsis ausgesetzt ist: In ihr geht es um Fragen, die untrennbar zum menschlichen Leben gehören. Und so sehr die verschiedenen Protagonisten sich positiv oder vor allem auch negativ zur Religion äußern – die Erzählebene der Serie bestätigt den Realitätsanspruch der Religionen zumindest teilweise. Glaube ist alles andere als folgenlos. Glaube ist eine wirkmächtige Realität. Das wird in einem Gespräch zwischen Varys und Tyrion deutlich. Varys erzählt ein Gleichnis:

> In einem Raum sitzen drei große Männer, ein König, ein Priester und ein reicher Mann mit seinem Gold. Zwischen ihnen steht ein Söldner, ein Mann niederer Abstammung und von bescheidenem Verstande. Jeder der Großen bittet ihn, die anderen beiden umzubringen. ‚Töte sie', sagt der König, ‚denn ich bin dein rechtmäßiger Herrscher.' ‚Töte sie', sagt der Priester, ‚denn ich befehle es dir im Namen der Götter.' ‚Töte sie', sagt der reiche Mann, ‚und all dieses Gold soll dein sein.' Sagt mir – wer überlebt und wer stirbt? [...] Shae legte ihre hübsche Stirn in Falten. ‚Der reiche Mann überlebt, nicht wahr?' Tyrion nippte nachdenklich an seinem Wein. ‚Vielleicht. Oder auch nicht. Das hängt vom Söldner ab, scheint mir.'[19]

Später wird dieses Gespräch noch einmal aufgegriffen. Varys lotet sein eigenes Rätsel noch einmal aus, um dann eine Lösung vorzuschlagen:

> Manche behaupten, Wissen sei Macht. Einige sagen, alle Macht stamme von den Göttern. Andere leiten sie aus den Gesetzen her. [...] Die Macht wohnt dort, wo die Menschen glauben, dass sie wohnt. Das ist die ganze Antwort.[20]

Am Ende ist das Faktum des Glaubens das eigentliche Wunder, das man nicht einfach verleugnen kann. Wenn die Gläubigen ihren Göttern zutrauen, Berge versetzen zu können, mag der Zweifler dies als Illusion abtun. Aber was er nicht verleugnen kann, ist der schlichte Umstand, dass Glaube schon mehr als einmal Großes bewegt hat. Wie real das ist, worauf der Glaube sich bezieht, ist schwer zu sagen und leicht zu bezweifeln. Unbezweifelbar sind die realen Konsequenzen des Glaubens.

Es sind die großen, existenziellen Fragen, die nach allen Zweifeln an der Religion wieder aufbrechen. Wie gehe ich mit Schuld und Versagen um? Schuldig gewordene oder gescheiterte Figuren wie Sandor Clegane („Der Bluthund"), Brienne von Tarth oder Jaime Lannister ringen mit solchen Fragen und versuchen sie mit ihrem ganzen Leben zu beantworten. Was hält Stand angesichts der Bedrohung durch den Tod? Was trägt in der Angst vor dem Grauen? Woher nimmt man nach

19 Martin, Lied Bd. 3, 88.
20 Martin, Lied Bd. 3, 165.

schrecklichen Erfahrungen den Mut, Sinn in seiner Existenz zu entdecken? Wie lebt man weiter, wenn man Dinge getan hat, die sich nicht wieder gut machen lassen? Angesichts dieser Fragen bricht etwas auf, was man mit Charles Taylor als „neue Routen“[21] zum Glauben bezeichnen kann. Die postreligiöse Welt wird nicht einfach vollständig säkular; in ihr kommt es immer wieder zu postsäkularen Ausbrüchen hinein in die Welt religiöser Sinndeutungen. Die größten Sympathieträgern der Serie (Jon Schnee, Tyrion Lennister, Daenerys Tagaryen) sind alle nicht „gläubig“ in irgendeinem traditionellen Sinn. Und doch ringen sie mit existenziellen Fragen. Und jenseits klassisch-religiöser Beheimatungen entkommen sie nicht einer Sprache des Glaubens. So kann Daenerys Tagaryen sagen:

> Ich habe mein Leben in fremden Ländern verbracht. So viele Männer haben versucht mich umzubringen, Ich kenne nicht mal mehr ihre Namen. Ich wurde verkauft, wie eine Zuchtstute. Ich wurde angekettet und verraten, vergewaltigt und geschändet. Wisst ihr, was mich durchhalten ließ in all diesen Jahren im Exil? Glaube (Faith). Nicht an irgendwelche Götter, nicht an Mythen und Legenden. In mich selbst. In Daenerys Tagaryen.[22]

Auch wenn sich jeder traditionelle Glaube als ungenügend erwiesen hat – geht es nicht ohne Glauben. Tyrion Lannister hat eigentlich längst jeden Glauben hinter sich gelassen. Aber an Daenerys Tagaryen, so bekennt er, könne er glauben; und so kniet er vor ihr nieder.

Gibt es solche Epiphanien des Glaubens nur jenseits der traditionellen Religionen und ihrer Inhalte? Ist die Botschaft von *Game of Thrones*: Für immer neue religiöse Aufschwünge gibt es Hoffnung, aber nicht für eine klassische Glaubensgemeinschaft wie das Christentum? Nun sind gerade die zentralen Helden der Serie Erlöserfiguren, die offensichtlich biblischen Motiven nachempfunden sind. Daenerys Tagaryen wird als „Sprengerin der Ketten“ bezeichnet, als Befreierin der Sklaven und Hoffnung der Unterdrückten. Daenerys ist eine klassische Mosesfigur, inklusive der damit verbundenen Versuchlichkeit. Jon Schnee erlebt im Verlauf der Handlung Tod und Auferstehung in Weise, die schon fast ein wenig zu plump an das Vorbild Jesu angelehnt ist. In Game oft Thrones spiegeln sich erhebliche Stränge vergangener und gegenwärtiger Formen religiöser Vielfalt. Der vermeintliche Abgesang auf viele Gestaltwerdungen der Religion sollte nicht darüber hinwegtäuschen, dass sich auch in Westeros die Sehnsucht nach Glaube als höchst vital erweist.

---

21 Taylor, Zeitalter, 1233.

22 Game of Thrones, Staffel 7, Folge 3 („Die Gerechtigkeit der Königin“), Min. 13.50–14,28. Die deutsche Synchronisation übersetzt „faith“ an dieser Stelle mit „Vertrauen“ und verschleiert damit tendenziell den Gebrauch der religiösen Sprache.

Literatur

Bellah, Robert N., Religion in Human Evolution. From the Paleolithic to the Axial Age, Harvard 2011.

Bradley, Marion Zimmer, Die Nebel von Avalon, Frankfurt/Main 1987.

Castaneda, Carlos, Die Lehren des Don Juan. Ein Yaqui-Weg des Wissens, Frankfurt/Main 1973.

Jacoby, Henry, Die Philosophie bei Game of Thrones. Das Lied von Eis und Feuer: Macht, Moral, Intrigen, Weinheim 2014.

Hubbard, A. Ron, LeDonne, Anthony, Gods of Thrones. A Pilgrim's Guide to the Religions of Ice and Fire. Bd. 1, 2018.

Larrington, Carolyne, Winter is Coming. Die mittelalterliche Welt von Game of Thrones, Darmstadt 2016.

Morgan, Marlo, Traumfänger: Die Reise einer Frau in die Welt der Aborigines, München 1995.

Martin, George R.R., Das Lied von Eis und Feuer. Bd. 1: Die Herren von Winterfell, München 1997.

Martin, George R.R., Das Lied von Eis und Feuer. Bd. 2: Das Erbe von Winterfell, München 1997.

Martin, George R.R., Das Lied von Eis und Feuer. Bd. 3: Der Thron der sieben Königreiche, München 2000.

Martin, George R.R., Das Lied von Eis und Feuer. Bd. 4: Die Saat des goldenen Löwen, München 2000.

Martin, George R.R., Das Lied von Eis und Feuer. Bd. 6: Die Königin der Drachen, München 2002.

Martin, George R.R., Das Lied von Eis und Feuer. Bd. 9: Der Sohn des Greifen, München 2012.

Norenzayan, Ara, Big Gods. How Religion transformed cooperation and Conflict, Princeton 2013.

Servos, Stefan, Gewalt, Götter und Intrigen. Die Welt von Game of Thrones, Ludwigsburg 2014.

Taylor, Charles, Ein säkulares Zeitalter, Frankfurt/Main 2012.

Autoreninfos

Anna Beniermann, geboren 1987, Dr.rer.nat., ist Biologiedidaktikerin und leitete bis 2019 die philoscience – gemeinnützige Gesellschaft für Wissenschaftsvermittlung mbH. Sie forscht und lehrt nun als wissenschaftliche Mitarbeiterin an der Humboldt-Universität zu Berlin in der Fachdidaktik und Lehr-/Lernforschung Biologie. In ihrer Forschung befasst Sie sich unter anderem mit der Akzeptanz der Evolution sowie anderen gesellschaftlich teils kontrovers diskutierten wissenschaftlichen Erkenntnissen.

Michael Blume, geboren 1976, Dr.phil., ist Religionswissenschaftler und Beauftragter der Landesregierung Baden-Württemberg gegen Antisemitismus. Der evangelische Christ lebt in einer christlich-muslimischen Ehe mit drei Kindern in Filderstadt. Dieser Essay basiert auf drei Werken Blumes: „Gott, Gene und Gehirn. Warum Glaube nützt. Die Evolution der Religion" mit Rüdiger Vaas (Hirzel, 3. Aufl. 2013), „Evolution und Gottesfrage. Charles Darwin als Biologe" (Herder, 2013) und „Warum der Antisemitismus uns alle bedroht" (Patmos, 2019).

Thorsten Dietz, geboren 1971, Prof. Dr., Professor für Systematische Theologie an der Evangelischen Hochschule Tabor. Forschungsschwerpunkte: Theologiegeschichte, Anthropologie, Hermeneutik. Veröffentlichungen: Der Begriff der Furcht bei Luther, Tübingen 2009, Sünde. Was uns heute von Gott trennt, Witten 2016. Weiterglauben. Warum man einen großen Gott nicht klein denken kann, Moers 2018.

Hansjörg Hemminger, geboren 1948, Dr.rer.nat.habil., Natur- und Verhaltenswissenschaftler. 1984 bis 1996 Referent bei der Evangelischen Zentralstelle für Weltanschauungsfragen (EZW) in Stuttgart, von 1997 bis 2013 Beauftragter für Weltanschauungsfragen der Evangelischen Landeskirche in Württemberg, seit 2014 im Ruhestand. Zahlreiche Artikel und Bücher zu den Themenbereichen „Schöpfungstheologie und Naturwissenschaft", „Evolution des Menschen" und „Psychologie sektiererischer Gruppen" und das Lehrbuch „Grundwissen Religionspsychologie".

Jürgen Hübner, geboren 1932, Professor Dr., Biologe und Theologe, Wissenschaftlicher Referent an der Forschungsstätte der Evangelischen Studiengemeinschaft (FEST) in Heidelberg (jetzt als Emeritus), und apl. Professor an der Theologischen

Fakultät der Universität Heidelberg. Arbeitsbereiche: Theologie und biologische Entwicklungslehre, Theologie und Kosmologie, Medizinische Ethik, entsprechende Einzelthemen und Publikationen.

Markus Mühling, geboren 1969, Dr. theol., ist Professor für Systematische Theologie an der Kirchlichen Hochschule Wuppertal/Bethel und Vorsitzender der KHG. Ausgewählte Monographien: Gott ist Liebe, 2. Aufl. Marburg 2005; Versöhnendes Handeln – Handeln in Versöhnung, Göttingen 2005; Grundinformation Eschatologie, Göttingen 2007; Liebesgeschichte Gott, Göttingen – Bristol (CT) 2013; Resonanzen, Göttingen – Bristol (CT) 2016; Post-Systematische Theologie 1, Leiden – Paderborn 2020.

Lluis Oviedo, geboren 1958, Dr. theol., Professor für Theologische Anthropologie an der Päpstlichen Universität Antonianum in Rom und Professor für Fundamentaltheologie am Theologischen Institut in Murcia (Spanien). Seine Forschungen konzentrieren sich auf den Dialog zwischen Theologie und Naturwissenschaft; er ist Herausgeber der Buchserie "New approaches to the scientific study of religion" (Springer).